# 鈞媽
## 快樂育兒經

### 超高效正向育兒法
### 照顧孩子輕鬆上手不焦慮

寶寶作息天后、副食品職人 **鈞媽** ◎著

適用
0～2歲
新手爸媽
與保母

# 目 錄

| 推薦序 | 本書是媽媽的一顆定心丹 / **許登欽** | 10 |
| 自 序 | 規律作息,陪妳快樂度過育兒時期 | 12 |
| 前 言 | 給新手媽媽的掏心話 | 14 |

## 第一章　懷孕時的準備

**1 媽媽必備用品** ……… 20
- 待產包清單 ……… 20
- 餵母乳／坐月子的用品 ……… 22

**2 寶寶必備用品** ……… 25
- 哺餵用品 ……… 25
- 衣著用品 ……… 28
- 清潔用品 ……… 31
- 衛生和沐浴用品 ……… 33
- 寢具用品 ……… 35
- 外出用品 ……… 37
- 其他物品 ……… 38

# contents

## 第二章　新生兒作息大作戰

### 1　寶寶出生的第 1 個月 ............ 40
- 4 個注意事項 ............ 40
- 坐月子常犯的錯誤 ............ 42
- 睡姿的選擇──仰睡、側睡、趴睡 ............ 43
- 預防嬰兒猝死症 ............ 48
- 餵奶的學問 ............ 49
- 幫寶寶洗澡 ............ 52

### 2　如何讓寶寶規律作息？ ............ 54
- 0～3 個月規劃作息與調整要點 ............ 54
- 步驟 1　劃分日夜 ............ 56
- 步驟 2　決定第 1 餐 ............ 57
- 步驟 3　白天就是飲食、清醒、小睡 3 事 ............ 62
- 步驟 4　晚上保持喝奶和睡覺 ............ 65
- 步驟 5　預留延長睡眠的夜晚時間 ............ 66
- 步驟 6　養成記錄寶寶狀況的習慣 ............ 68

### 3　規律作息應該具備的觀念 ............ 72
- 觀念 1　為什麼要訂作息表？ ............ 72
- 觀念 2　習慣是可以養成的 ............ 73

- 規律作息的常見錯誤 ……… 74
- 寶寶常見的 3 種哭鬧 ……… 77
- 10 個新手父母的常見問題 ……… 80

## 第三章 0～3 個月：帶寶寶融入家庭生活

### 1 0～3 個月的寶寶如何好好睡覺？ …… 86
- 讓寶寶好睡的 5 個步驟 ……… 86
- 讓寶寶睡好覺的常見錯誤 ……… 90
- 10 個寶寶睡覺的常見問題 ……… 93

### 2 自行入睡的理論與觀念 …… 97
- 了解睡眠理論 ……… 98
- 必須具備的 8 個睡眠觀念 ……… 99
- 6 個月前教孩子自行入睡的優點與缺點 ……… 105
- 哄睡和嬰幼兒睡眠減少的關係 ……… 107

### 3 戒夜奶：讓寶寶睡過夜 …… 108
- 戒夜奶的 9 個準備 ……… 108
- 戒夜奶的 5 個方法 ……… 110

- 寶寶發出睡過夜的訊息——可以戒夜奶了 ......... 116
- 錯誤的戒夜奶方式 ......... 118
- 睡眠對寶寶的重要性 ......... 118
- 13 個戒夜奶的常見問題 ......... 120

### 4  延長夜間睡眠 ......... 124
- 延長睡眠的 2 個準備 ......... 125
- 延長睡眠的 7 個方法 ......... 126
- 3 個延長睡眠的常見問題 ......... 133

## 第四章  3～6 個月：享受快樂育兒生活

### 1  3～6 個月的作息規劃與調整 ......... 136
- 3～6 個月調整重點 ......... 136
- 常見的意外教養狀況 ......... 143
- 10 個調整作息的常見問題 ......... 147

### 2  開始嘗試副食品 ......... 150
- 需要準備的工具 ......... 150
- 何時可以開始餵食副食品？ ......... 152
- 副食品食材順序 4 步 ......... 155

- 脹氣、腹瀉怎麼辦？　　　　　　　　157
- 吃副食品要注意的事　　　　　　　　158
- 食物泥的製作方法　　　　　　　　　161
- 10 個關於副食品的常見問題　　　　 162

**3　帶寶寶外出**　　　　　　　　　　　166
- 外出時的吃　　　　　　　　　　　　166
- 外出時的作息　　　　　　　　　　　168
- 外出時的睡　　　　　　　　　　　　169
- 外出時該怎麼搭交通工具？　　　　　170
- 2 個帶寶寶出門的問題　　　　　　　171

# 第五章　6～9 個月：教養從現在開始

**1　6～9 個月的作息調整**　　　　　　174
- 6～9 個月調整重點　　　　　　　　　174
- 需要注意的教養問題　　　　　　　　185
- 2 個調整作息的常見問題　　　　　　190

**2　厭食或厭奶──不吃該怎麼辦？**　191
- 食物泥的問題　　　　　　　　　　　191

6

- 身體因素導致的食慾不佳 ………… 195
- 坊間對於嬰兒食物型態的看法 ………… 198
- 14 個飲食常見問題 ………… 200

**3 日常生活的教養** ………… 205
- 開始學習手語 ………… 205
- 生活該有界線 ………… 206
- 餐桌上可能發生的問題 ………… 209
- 6 個月後就能開始學習獨玩 ………… 211
- 遊戲床時間是否必要？ ………… 214
- 幫助寶寶度過分離焦慮 ………… 215
- 關於日常生活教養的 5 個問題 ………… 217

## 第六章　9～12 個月：多活動，多消耗體力

**1 9～12 個月的作息調整** ………… 220
- 9～12 個月調整重點 ………… 220
- 選擇分房或分床 ………… 223
- 4 個調整作息的常見問題 ………… 227

**2 如何轉換寶寶的食物型態？** ………… 231
- 該吃食物泥還是粥？ ………… 231

- 養壯的壓力 ……………………………… 234
- 不會變胖的 2 個飲食方式 ……………… 236
- 拒絕副食品的原因 ……………………… 237
- 11 個食物轉換方式的問題 ……………… 239

### 3　煮粥的開始 …………………………… 243
- 讓粥美味的 6 道食譜 …………………… 243
- 煮粥不難，2 種煮法 …………………… 248
- 煮粥要注意的問題 ……………………… 250
- 獨家好粥——鈞媽拿手粥食譜 ………… 251

### 4　較大月齡的睡眠訓練 ………………… 254
- 如何教孩子累了就能睡？ ……………… 255
- 自行入睡的 2 個方法 …………………… 257
- 較大月齡睡眠上的 2 個常見問題 ……… 259

### 5　9～12 個月的教養 …………………… 260
- 嬰兒教養的 3 個迷思 …………………… 260
- 3 種不同個性的教導方式 ……………… 261
- 媽媽要學習深呼吸 ……………………… 263
- 教養要一致、堅持到底 ………………… 264
- 教養上的常見問題 ……………………… 268

# 第七章 不論「百歲」或「親密」，都不能盲從

**1 該選擇百歲育兒還是親密育兒？** ..... 270
- 百歲育兒──優點與陷阱 ..... 270
- 親密育兒──優點與陷阱 ..... 273
- 找出更適合你的育兒法 ..... 276

**2 養出營養均衡的健康孩子** ..... 277
- 副食品和奶的比例怎麼拿捏？ ..... 277
- 奶嘴、乳房、手指，要吸哪個？ ..... 279
- 吸奶嘴、吸乳房、吸手指，如何戒？ ..... 282

**附錄** 鈞媽家 1 歲前作息表 ..... 283

推薦序

# 本書是媽媽的一顆定心丹

文 / **許登欽**（恩主公醫院小兒科主治醫師）

　　身為小兒科醫師，在醫院時常看到新手父母對孩子「愛之深，憂之切」的辛苦和焦慮。每個孩子都是爸媽的寶貝，每個父母也都是從生了孩子之後才開始學習當父母，在這個過程中因為有太多不確定感，還有太多責任感，使得父母總是加諸給自己很多壓力。特別是媽媽，往往為了孩子而犧牲，為了照顧孩子不眠不休，忽視自己的健康，不管自己的形象，全心全意把生命奉獻給孩子。可見母愛之偉大！

　　在與孩子這樣的磨合過程中，有的媽媽會甘之如飴，有的媽媽卻是加深了自己的憂鬱。其實，新手媽媽不必這麼辛苦摸索，本書提供了你一套方法，使你很快就能在錯綜複雜的育兒道路上找到方向，讓你在每天亂七八糟的育兒生活裡還能輕易的得到快樂。

　　這本書我讀了又讀，從字裡行間看到鈞媽的熱情和用心：為了疼惜新手媽媽的辛苦，掏心掏肺的分享了養育鈞的點點滴滴，鉅細靡遺的告訴你照顧寶寶所要知道的大小事物。更棒的是，書中闡述很多重要的醫學理論，讓讀者明瞭每個建議都有醫學根據。所以，這不只是一本經驗傳承的教養書，更是一本學問精深的醫學書。

　　本書讓我最感動的是：綜合了「親密育兒法」、「百歲育兒法」，再加上自己的切身經驗，融合成為「媽媽萬歲育兒法」！我愈讀愈有滋味，欲罷不能，而且獲益良多。例如新生兒的睡眠周期：

怎麼樣幫助寶寶自然入睡、怎麼樣調整作息才能讓媽媽輕鬆而寶寶健康。你一定會在書裡發現經常碰到又找不到解答的問題，例如：不知道孩子的睡眠到底夠不夠，只知道自己永遠無法得到足夠的休息；當嬰兒哭時如何靠不同的哭聲判斷寶寶的需求，適度去滿足寶寶讓他得到安全感卻不會造成依賴。還有，你將會碰到卻無從問起而深深困擾的問題，例如：夜奶怎麼戒？奶和副食品怎麼分配？連要吃什麼副食品鈞媽也幫你準備好了。此外，再大一點的教養問題，例如：正確的教養態度、體會孩子的想法、尋找孩子哭鬧背後真正的原因、在當下控制場面的秘訣，以及怎樣陪孩子玩出智慧、玩出腦力，幫助寶寶的各項發展……還有很多、很多你讀了會感動的說「對！我想要知道的就是這個」的內容。你一定很需要這本書，而且會很喜歡這本書！

這本書的細膩與體貼，只有曾經用心照顧小孩的母親才寫得出來，新手媽媽很難在坊間找到一本這樣的育兒秘笈，這就是一本「嬰兒養育說明書」。雖然每個寶寶有自己的特質、成長的個別差異，但在你手忙腳亂時，這本書是一顆定心丹。你可跟著鈞媽做，或從鈞媽的經驗中得到同理心與安慰。在鈞媽的細細引導中，在你未知的領域，探索出你與你的寶寶獨特的相處模式。

我與鈞媽相識多年，看到鈞在媽媽的照顧之中長得非常健康，各方面發展都很優秀，情緒也很穩定。鈞媽很熱心的要與大家分享她的成功經驗，我覺得鈞媽的快樂育兒經真的值得新手媽媽細細品讀與從中學習！

智慧是無價的。我很感動看到這麼棒的作品，也很榮幸能把這一本好書推薦給你。我相信你讀了之後一定會緊緊抱住它，然後做個快樂的媽媽！

自　序

# 規律作息，
# 陪妳快樂度過育兒時期

　　生下鈞到今天已經 17 年，從生活到工作也充滿了寶寶的食、衣、住、行 17 年，深深感覺孩子的成長真的是一瞬之間，鈞鈞也從小小的嬰兒轉變成青少年。

　　這 17 年間可以感受到照顧寶寶有很多方便都有了改變，尤其是飲食部分，但是也有不變的部分，像是調整作息。

　　然而面對第一胎的茫然無助、新手媽媽面對啼哭不停又茫然無措的焦慮、不知道該如何開始副食品、甚至孩子跟不上進度的憂鬱，這一切的育兒現象依舊困擾著每一位媽媽。

　　而我依然秉持著初衷，用自己的能力希望幫助每個困頓的媽媽，書中用簡單的方法帶著新手媽媽，學習如何調整嬰兒的作息、飲食及其周邊。也許妳會說：每個小孩都不一樣啊！！本書教妳如何從不一樣中去找到一樣的脈絡和規則，尤其是寶寶作息更是一門學問，我希望帶著新手媽媽快速跟嬰兒磨合，畢竟長期日夜混亂和夜奶，很容易造成母親的憂鬱與身體恢復不良。

　　規律作息是一個在育兒很重要的觀念，除了讓寶寶身體健康成長外，也協助親子間更親密無間的情感培養。

書中有現在最新的飲食概念，更從現實面剖析新的飲食概念妳是否需要做、是否做得到，而非寶寶做不到時，妳不斷自我懷疑和痛苦，帶給妳更多的信心和快樂面對孩子。

　　孩子在嬰兒時期極其珍貴又短暫，飛瞬而過，但是孩子是一個個體，妳也有自己的人生，應該將自己的身心準備好，去面對孩子每個階段問題。有快樂的媽媽才有快樂的孩子，請記住這永遠不變的道理。

　　鈞是一個極其難帶的孩子，從嬰兒時期到青少年間亦然，從我的文章紀錄就可以知道，在努力度過鈞的嬰兒時期後，就學期間帶著鈞開始自學，直到回歸體制上了高中，然而故事就此 Happy end 嗎？很遺憾沒有，我跟鈞依舊在不斷的在互相扶持、互相成長。

　　也許妳看到這本書時，正陷入深深的產後憂鬱中，希望這本書能帶給妳如武林秘笈般的快樂度過妳的育兒時期。

 # 給新手媽媽的掏心話

每個女人都是因為生了孩子,才開始學習、蛻變成母親。但是每個新手媽媽都會有一個念頭:

我這樣做到底對不對?

讓寶寶哭會不會造成寶寶心靈受傷?

這樣做到底對不對?我會不會都做錯了?

一直抱著小寶寶,每晚哄睡才是給寶寶愛嗎?

是不是只要辛苦忍耐,再過幾個月就會好帶一點?

我有沒有為了方便,養出沒有安全感、個性扭曲的孩子?

## ❀ 媽媽快樂,孩子才快樂

只要是新手媽媽,在資訊發達的現代,你一定聽說過「親密育兒」和「百歲育兒」這兩種育兒方法,現代人生得少,不能做錯的壓力總在心中徘徊不去,經常手足無措,害怕選錯育兒法傷害到孩子。

當女人升格為母親時，跟孩子無論是因相處產生愛，或是「一見鍾情」，可以肯定的是，細心照顧寶寶是天生的母愛。我的孩子鈞生病時我可以整夜不睡的看顧他，擔心他的病情，因為愛他，願意為他犧牲一切。我深深疼愛著鈞，程度無法以筆墨形容。相信每位母親也是如此疼愛自己的孩子。

當寶寶出生後回到家裡，就好比新的房客入住，家人們必須跟這位新生兒磨合；偏偏新生兒不會說話，只會用哭來表達，哭是嬰兒唯一的語言，況且寶寶甫離開媽媽子宮，必須教他重新適應新的環境。母親與孩子一定會有一段磨合期，一般人都會要求母親必須為孩子犧牲，包含心情、體力等等，就算沒有這些外來的壓力，當媽的也會自動為孩子犧牲很多，如果還罔顧自己的身體，勢必會超出負荷。媽媽要學習活出自己，家庭和親子間的關係才會和諧。請記住一句話：有快樂的媽媽，才有身心健康的孩子。

## ❀ 育兒是有妙招的

多數的新手媽媽在第一次帶寶寶時，常常神經兮兮，寶寶一吐奶就立刻衝到醫院、啼哭不止立刻找收驚，覺得自己的寶寶很難帶。如果育兒是有方法的，那麼如何才能帶好寶寶呢？

首先，最重要的方法就是：放輕鬆。請相信母性的直覺，在第一年引導寶寶融入家庭生活，培養安穩的睡眠、良好的作息、正確的飲食習慣。

以我為例：在鈞出生不到三個月時，就建立起屬於我們家的睡前儀式，上床就是睡覺，這個習慣到今天都沒有改變。鈞也很習慣唱完歌就上床睡覺。

另外，請告訴自己：你有犯錯的空間。比如，當你不經意把孩子抱著睡著，不需要擔心寶寶以後都會習慣抱著睡。因為習慣是長久養成的，不會因為今天這樣的舉動就改變寶寶長久以來的習慣。也不用害怕選錯育兒法，只要找出屬於你和寶寶的生活模式就好。

你可能會把寶寶當成是你的學生，想教他習慣這個家的作息（幫寶寶制定作息）。當然，就算你什麼都不做，寶寶也會開始形成自己的作息，只是變成母子倆的磨合期比較長、比較亂，且不一定是你能接受的（比方說日夜顛倒），所以我會建議採用母親引導方式：白天讓寶寶在固定間距喝奶、玩耍保持清醒一段時間、白天有數段小睡、晚上有個長時間的睡眠。

讓寶寶哭並非就表示不愛他，不讓寶寶哭也並非就表示溺愛他，而是要從寶寶的哭聲判斷該怎麼處理。

同樣的，身為母親，要了解怎麼做對孩子最好，你是用愛在養育，用愛在引導寶寶養成安穩的睡眠、飲食、日常生活習慣。

安全感也是由這樣的穩定環境和穩定習慣建立起來（不斷改變寶寶習慣才是造成不安感的來源），除此之外，每天陪著寶寶玩、陪著寶寶讀書、陪著寶寶探索環境，等過了嬰兒時期後，又必須時時注意孩子的言行是否有偏差。事實上，第一年只是個開端，真正重要的是後面的教養過程，身為母親都很清楚，將孩子帶大，根本不可能用讓他哭或不讓他哭一以貫之，中間的眉眉角角很多，從一開始習慣的養成到後面的教養，母親都必須付出大量的愛和耐心，母子間的親密關係也是藉此培養而成，是一輩子的依附關係。

## ❀ 從他人的經驗累積成自己的媽媽經

新手媽媽單靠自己摸索是很辛苦的，長輩的經驗不一定適合自己，我的婆婆曾經跟我說，她生完就立刻背著小孩下田工作！

初為人母的辛酸，在我生鈞時就已經深刻體驗到。只要一聽到鈞哭就立刻餵奶，但是鈞每小時都哭著要奶，半夜一直哭鬧不睡，最後更是完全黏在我身上，而且一定要一直抱著才願意睡。坐月子期間睡眠品質本來就不好，白天無法入睡，晚上又不能睡，每晚才睡幾十分鐘，最後我不只得到產後憂鬱症，更幾近精神崩潰，每次先生回到家都看到小孩在哭、媽媽也在哭。我也因為過於勞累，一整天都吃不下東西。

我曾想過要託給婆婆照顧四小時，此時小姑責備我：自己的小孩要自己照顧！這句話讓我體會到，孩子除了自己和先生之外，就沒有人可以幫忙了。夜晚抱著鈞一直到天亮，我不相信帶孩子要這麼辛苦，從此我看了不下數十本的育兒書、上網看了一千多篇的育兒問答，一邊記錄鈞的狀況，終於找到自己的方法，慢慢也發現媽媽在育兒時都會遇到的共同問題與難題，我漸漸將這些方法記錄下來，希望能幫助更多的新手媽媽免於重新摸索。這本書中紀錄的不只是我的育兒法，也是適合所有母親的育兒法。

　　台灣的新手媽媽常會買很多育兒書，期望從中找到輕鬆帶孩子的方法，然而帶著新生兒的你，恢復體力都來不及，根本累到無法挑選哪本書的哪個方法是適合你和你的寶寶（除非你不需要餵奶和帶小嬰兒，完全專心看書，不然要看完目前書市上所有的育兒書是很難的），多數新手媽媽必須用零碎時間囫圇吞棗的看，很容易就會誤解書中內容。瀏覽網路育兒文章會遇到的困難是：你不知道這個方法能不能實行。舉例：我也曾誤信網路上說，泡濃奶能讓寶寶睡過夜，結果害得鈞拉肚子。結果台灣很多新手媽媽帶新生兒就像在做實驗一樣不斷測試，過著一團混亂的育兒生活。

　　多數人誤會「百歲」就是狠心放著哭，「親密」就是一哭就抱和馬上餵奶、一定要餵夜奶，這些觀念是錯誤的，其實這兩種育兒方法有相同也有不同之處、都有可取的部分。舉例來說：「百歲」是新生兒出生後由媽媽觀察寶寶狀況主動制定作息，讓寶寶習慣作息；「親密」是依寶寶需求，隨著月齡慢慢幫寶寶固定晚上上床睡覺時間（固定晚上上床時間後，白天作息也會跟著穩定，每天也同樣過著大致相同的規律作息）。

　　自行入睡、睡過夜、規律作息等，很多外國育兒專家均有主張，只是在台灣，媽媽們會將這些理論全部歸給百歲。事實上，百歲和親密進入台灣後，都經過媽媽們改良成更適合自己的育兒方法，不再是原先的百歲或親密育兒法，所以你不需要選邊站，而是要選擇適合自己的方法。這本書不僅結合兩派之長，同時還有我以自己和百萬媽媽的經驗融合而成的萬歲育兒法，你將不會再為育兒所苦，能快速找到適合自己的方法。

這本書按月齡，詳細說明自行入睡、規律作息、睡過夜、每個月齡的睡眠時間、會發生的常見問題、六個月後該如何帶寶寶睡覺、副食品製作到教養，是本非常詳盡的育兒書，讓你能夠按月齡看，一本書全部搞定，輕鬆當個稱職的媽媽。

在育兒的路上，我要特別感謝恩主公醫院的許登欽醫師，鈞從小生病都是給他看診，多次急診遇到許醫師值班，都讓我特別安心，許醫師總是願意提供專業的意見，又能尊重母親的想法，本書能得到他寫序，由衷的感謝。

此書得以出版，還要感謝張桂玲護理長審訂哺乳部分，以及楊濬光醫師、蘇怡寧醫師與江桂香小姐。更要感謝多年來喜歡我的文章的媽媽們，無論是默默的閱讀或來信詢問分享，有些甚至成了我現實中的朋友，陪著鈞一路成長，在此致上深深的謝意。

育兒應該是件快樂、有成就的事情，看著寶寶逐漸長大，當他開口喊媽媽時，那種感動是無法言喻的。但是也不能忽略掉丈夫、家人是你的家庭一員，感情交流是家庭的維繫之道，能夠兼顧才是最重要的。

每晚在鈞上床睡覺後，我會與先生聊天、培養感情，白天也能在鈞小睡時做家事、洗澡、寫文章，在鈞清醒時專心陪他玩。

輕鬆帶孩子絕對有方法，輕鬆照顧家庭也辦得到，先讓自己快樂才能照顧出身心健康的孩子，共勉之。

第一章
懷孕時的準備

## 1  媽媽必備用品

恭喜你肚子裡有了新的生命，心中一定有很多期待和欣喜，除了關心寶寶在肚子裡的健康狀況，你也一定會很積極購買嬰兒相關物品，想照顧好寶寶，當然懷孕時就可以開始慢慢準備嬰兒用品。

認真來說，寶寶出生後狀況不少，很多物品都可以等寶寶出生後再添購，未出生前只要買一些基本的就好。跟親朋好友蒐集二手的嬰兒用品更省錢，待寶寶出生後，再依需求多利用網路購買所需物品。

有快樂的媽媽才有身心健全的寶寶，先從媽媽照顧自己的物品開始介紹。坊間這類用品非常多（目前相關廠商還在不停的研發），我僅就個人經驗分享。

### 待產包清單

我是自然產，因為個性糊塗，鈞又一直遲遲不願退房（接近39周又5天才出生），當時待產包準備很倉促，多數都在醫院買。我以過來人的經驗告訴新手媽媽，能自己準備最好自己準備，像盥洗用品（牙膏、牙刷、臉盆1套在醫院購買所費不貲）等。待產包清單大致可以分三大類：

## 清單 1　證件類

　　身份證、健保卡、孕婦健康手冊、錢、提款卡、信用卡。住院需要證件，如果是自然產住 3 天健保房費用較低，如果是非自願剖腹產住院 1 星期，費用約落在 1 萬元上下（請詢問產檢醫療院所），怕是遇到寶寶出現須觀察的病症，就需要住到加護病房，住院費用相對很高。鈞出生時，因為住進加護病房，單是嬰兒的費用就要兩萬多。

　　無痛分娩在有些醫院需要自費 6～8 千左右，有些醫院因為鼓勵自然產，打無痛分娩則是免費。

## 清單 2　產婦用品

　　出院時要穿的衣服、帽子、襪子、外套；住院時要用的拖鞋、束腹帶、免洗褲（3～5 包）、衛生紙、毛巾、牙膏、牙刷、洗臉盆、洗面乳、肥皂、產婦衛生棉／產褥墊、看護墊、眼鏡和眼鏡盒。

　　生產前，最好先詢問醫院有哪些物品免費提供，像我在三峽恩主公醫院生，產婦哺乳用醫院服、生理沖洗器（自然產上廁所沖洗用）、痔瘡坐墊（自然產生產的傷口沒有癒合前，墊在馬桶上用）、哺乳 U 型枕、熱水壺等醫院都會提供。

## 清單 3　寶寶和其他用品

　　寶寶出院用的衣物、抱被、集乳袋、NB 尿布 1 包。記得要攜帶一些自己生活上的日常用品，像手機、充電器、相機、錄影機（寶寶生產時請爸爸拍）、電池。

媽媽必備用品

# 1

### ● 餵母乳／坐月子的用品

如果你確定要餵母乳，可以先買：哺乳睡衣／內衣、羊脂膏、溢乳墊、集乳袋、擠乳器、免洗內褲、束腹帶、塑身衣、衛生棉／產褥墊和看護墊。

### ✿ 哺乳睡衣／內衣

也許你會說幹嘛買這個？照顧新生兒又忙又累，連吃飯時間都沒有，哺乳睡衣／內衣的設計是有個開口讓你輕輕一掀就能親餵母乳，哺乳內衣還有可以放置和更替溢乳墊的設計，不必擔心母奶溢出弄得衣服都是。我是在家坐月子，因為足不出戶，幾乎都是穿哺乳睡衣及內衣，非常方便。

網路上販賣的哺乳睡衣／內衣材質設計都比較差，用沒多久就開始掉線，優點是比較便宜，沾到奶漬也不會心疼，而且哺乳睡衣的尺寸都比較大，就算之後已經沒有餵母乳但仍未瘦身成功時，還是可繼續拿來當睡衣穿。

### ✿ 羊脂膏

新生兒 1 天餵奶次數約 6～8 次，每次都要喝上 1 小時，很容易造成乳頭紅腫、脫皮、乾燥，就算是擠出來瓶餵，根據我用電動擠奶器的經驗，機器吸力很大，比親餵寶寶更痛和紅腫，羊脂膏在這時候就派上用場，1 天至少要擦 1 次。

### ✿ 溢乳墊

餵母乳最傷腦筋的就是乳汁會趁你不注意時，一滴滴滲透到衣服中，奶漬很難洗掉，這時候溢乳墊就能幫你吸收溢出來的乳汁。溢乳墊背面有雙面膠，讓你黏在衣服上，記得買背面有兩條雙面膠的，只有一條很容易脫落，搭配上哺乳內衣就更好，反正就算溢乳墊濕透到內衣中，立即就能換掉內衣，不怕沾到外衣。

這算是用量很大的消耗品，可以多買不同的品牌，一直換到你喜歡用的為止。

### ❁ 集乳袋／儲存瓶

冰存母乳用，你可以直接買 150 或 240 毫升，如果最後真的用不上或用不完，也能拿來裝食物泥冷凍。記得剛擠出來的溫熱母奶不要跟前一次擠出來、放在冷藏的母奶混在一起，一定要等 2 份奶冷藏到相同溫度後才能混在一起放進冷凍。

裝在集乳袋或儲存瓶時不要裝滿，冷凍過的母奶會膨脹，預留空間才能避免擠破袋子。冷凍母奶可以前一天先拿到冷藏退冰（24 小時內使用完畢），隔天溫給寶寶喝，切記回溫或退冰後的母奶就不能再拿回冷凍。

### ❁ 擠奶器

不管你要不要親餵母奶，租或買一台擠奶器都是必需的，奶水擠出來可以讓你在休息時請家人幫你餵奶。擠奶器分電動和手動兩種，電動的又有分單邊和雙邊擠奶，在你休息時間都不夠的坐月子期間，建議選擇電動式的，會更輕鬆。

### ❁ 免洗內褲

剛生產完，不管看護墊／衛生棉怎麼墊在內褲，都很容易沾到血，而且整天要不停的照顧小孩，換尿布、脹奶擠奶、乳腺不通，又要坐月子，連吃飯時間都嫌不夠，千萬不要想花時間去洗沾到血的內褲，全部用免洗褲，省事又方便。

在選擇方面，要選產婦用或大尺寸的，剛生完的第一個月，屁股和肚子不會立刻縮小。

### ❀ 束腹帶及塑身衣

生產完後，小腹還是很大，嬰兒原先在的子宮都沒有縮小，需要束腹帶及塑身衣。推薦用傳統的纏繞式束腹帶（像寬版紗布）把腹部纏緊後，再穿上束腹帶或塑身衣，這樣能加速傷口復元、幫助內臟不下墜，我最後悔的一件事就是坐月子時覺得束腹帶很熱就不願意纏，結果現在小腹還是突出。

### ❀ 衛生棉／產褥墊和看護墊

月子期間，惡露會不斷排出，人也會不斷流汗，必須不停更換產褥墊，等血量漸漸少就能先換夜用衛生棉，血更少後就再換成日用型。看護墊是墊在床舖上，防止血滲出來時弄髒床鋪。

**不建議購買的物品** ✗

- ✗ **乾洗髮劑**：坐月子期間還是能洗頭，注意保暖和吹乾頭髮就好，乾洗髮劑不會讓你有洗乾淨頭髮的感覺，是目前眾多媽媽認為不需要買的第一樣物品。
- ✗ **乳頭保護套**：除非你的乳頭內凹，不然不需要。

## 2  寶寶必備用品

當媽後,你一定會滿心歡喜拚命逛街,逛網路買寶寶的玩具、衣服、用品,像我有個朋友發現懷了女兒後,每周都要買上萬元的寶寶衣服,想像要怎麼替自己的小公主打扮,但是什麼才是真正需要的?這裡列出相關用品,以免買來後只能囤積在儲藏室。

### 哺餵用品

包括奶瓶、溫奶器／調乳器、奶粉盒、哺乳枕、安撫奶嘴、保溫瓶等。

#### ❁ 奶瓶／拋棄式奶瓶

不管你想要親餵母乳或用奶瓶餵奶,都要買1只60毫升的玻璃奶瓶,一開始在你疲倦時可以給其他照顧者幫你餵奶,等月齡大一點後也能裝開水餵寶寶。如果你是瓶餵母奶或配方奶,就能再依序準備兩只120毫升、4至6只180毫升、4至6只240毫升的奶瓶。建議購買寬口奶瓶,因為日後寶寶如果改喝奶粉,填充奶粉時較方便。

**重點** 買玻璃或PES、PPSU的奶瓶,PES、PPSU耐熱度高達180～200度,也不會溶出雙酚A,安全性高。買玻璃奶瓶要有摔破的心理準備,不過目前還是以玻璃奶瓶是最安全的選擇。寶寶出生前不要買太多,因為各種品牌和奶嘴不一定適合你的寶寶,要多買幾個牌子,等寶寶出生後確定適合哪個牌子,再買多幾個替換使用。至於拋棄式奶瓶在外出時,是媽媽的好幫手。

奶瓶一定要選防脹氣的，防脹氣奶瓶中會有一根導管，能幫助奶中的空氣排到瓶子上方，新生兒一開始奶嘴可選小圓孔的，流速較慢。

 **新手媽媽泡奶注意事項**

- 假設要泡 120 毫升的奶，要先裝 120 毫升的水，再依奶粉罐上的指示加入奶粉。

 假設你要泡 120 毫升的奶，奶粉加上水剛好是 120 毫升，這樣的泡法是錯誤的。

### ❀ 溫奶器／調乳器

新生兒剛出生時，你可以先買溫奶器協助溫母奶，等寶寶月齡較大時也可以拿來溫副食品。假設你決定要餵配方奶，可增購泡奶用調乳器，調乳器溫度可隨時保持在適合的泡奶溫度（像熱水瓶一樣，可保溫在 30 ／ 60 ／ 90 度），等寶寶開始吃米精，拿來泡米精也很好用。

**鈞媽育兒 TIPS**　我的朋友都用傳統的溫奶法：用熱水直接溫熱。但是坐月子很忙，我還是選擇一轉按鈕便能溫奶的溫奶器幫忙。

近年來世衛組織皆呼籲要用超過 70 度的水泡奶，可降低退伍軍人菌、大腸桿菌等感染。泡完奶後應該立即冷卻到可以入口的溫度。建議家長千萬不要用陰陽水（熱水＋冷水）來冷卻，而是整瓶直接冷凍。

至於益生菌等容易被熱水破壞的營養素可採用其他管道攝取。

## ❀ 奶粉盒

泡奶時，最怕手忙腳亂量錯匙數，多一匙或少一匙都會影響配方奶的濃度。平時可以先量好，要用時就直接一盒倒入奶瓶，等到吃副食品時，也可以拿來裝米麥精粉。

## ❀ 哺乳枕

形狀多為 U 型或長條型，U 型放在腰上可以讓親餵母乳更輕鬆。躺餵媽媽容易睡著，接下來的作息全亂，所以我比較建議媽媽坐著餵奶，保持清醒。在我家，鈞剛開始吃副食品時，我會在哺乳枕中間墊一塊布，把鈞放在裡面斜躺（頭被 U 型枕墊高）。

## ❀ 安撫奶嘴（選購）

一開始帶新生兒時，你並不知道該選擇讓寶寶吸手指或吸奶嘴，可以預先買 1 個安撫奶嘴，在你外出或需要哄寶寶安靜下來時使用。坊間奶嘴形狀非常多，例如：拇指型、櫻桃型、雙扁型等，通常每個小孩的喜好都不同，必須一個一個去試，像鈞是只願意吸手指的寶寶，所以奶嘴變成他長牙齒時的固牙器。

## ❀ 保溫瓶

有寶寶後，一定要敗 1 個保溫瓶。嬰兒的腸胃較弱，外出時，要避免使用飲水機（怕沒有完全煮沸）及外面的水，最好還是用保溫瓶裝過濾過和完全煮沸的熱水出門。等寶寶月齡較大，開始吃副食品後，保溫瓶還能裝食物泥、粥出門。

**不建議購買的物品** ❌

✘ **奶嘴鍊、奶嘴收納盒**：不要太早買，萬一寶寶喜歡吸手指，這些都浪費掉。

## 衣著用品

嬰兒易流汗,要選擇紗布、棉布為主,能拿到親友給的二手舊衣服是最好的選擇(因為已經幫你把漿、螢光劑等該洗的都洗掉了)。舊衣比較柔軟不傷皮膚,新買的衣服通常都會上漿固定形狀,如果你買新的,一定要多洗 2 至 3 次,把新衣上的漿洗掉。

老人家常說,「初生嬰兒沒有六月天」,是有幾分道理的,當然不是要你把小嬰兒裹得緊緊,熱到長出汗疹,而是因為夏天出生的嬰兒多會待在冷氣房、冬天也會在暖氣房,前幾個月你和新生兒多數時間都在家中,買衣服時統一買薄薄的長袖衣,就不會讓嬰兒著涼也不會太熱。

新生兒需要使用的物品有紗布衣、棉質外衣、棉質長褲、連身衣、包屁衣、抱被、肚圍、帽子、小襪子、紗布巾等。

**鈞媽育兒 TIPS**

不知道為什麼,談到新生兒送禮或收集二手衣,大家都會一股腦送紗布衣。鈞出生時,人緣好的婆婆拿到 20 多件的紗布衣,所以在買紗布衣前,先問問有沒有人要送你。

### ❀ 紗布衣

用蝴蝶結綁在前面的貼身衣服,主要功能是吸汗,夏天或冬天都能穿。可以先準備 3 ～ 5 件。

### ❀ 棉質外衣、長褲

如果你的寶寶是在冬天出生或在冷氣房中,穿上外衣(前開襟)和長褲能避免著涼,各準備 2 件即可。

## ✿ 兔裝

連身式衣服，通常褲底都有拉鍊或釦子可以解開換尿布，在設計上都會讓尿布露出一點點（讓尿濕顯示圖案露出來），媽媽得以輕鬆判別要不要換尿布。兔裝有分厚、薄，可視出生的季節購買，缺點是寶寶成長速度很快，兔裝很快就無法穿，可以準備 3～4 件。

## ✿ 包屁衣

嬰兒衣服替換率很高，吐奶、流汗、眼淚都會把衣服弄髒，很難洗乾淨，1 天換 4、5 次都是家常便飯。我覺得包屁衣最實用，不管趴睡仰睡都很適合，價格也很便宜，買多幾件也不會心疼，等寶寶長高，屁股底下的釦子扣不起來時，就可以當成上衣穿，底下再加 1 件褲子就好。可以準備 4～7 件。

## ✿ 肚圍

保暖最重要的地方就是肚子，如果寶寶會挪動身體時，不建議蓋被子，改用肚圍會比較安全，睡覺時也不用擔心悶到口鼻。平日準備 1～2 件。

## ✿ 帽子

出門時戴在頭上避免著涼，一件放著備用。

## ✿ 襪子

腳跟肚子一樣是保暖的重點，睡覺時一定要穿襪子。鈞從出生到現在睡覺一定也會穿襪子。

> **注意**　依據中醫說法，肚子和腳（腳踝）是保暖的重點，只要保護好這兩個地方就不容易著涼。

## ✿ 紗布巾

必備小物,不管是餵奶時墊在脖子下能用,洗澡、擦臉也能用,選擇素面為主,才不會傷到寶寶稚嫩的皮膚。

## ✿ 圍兜

餵奶或吃副食品時,圍在寶寶脖子上,避免奶溢出來時沾到衣服。

 **不建議購買的物品** ✖

✖ **連身衣(兔裝的另一種形式)**:從頭包到腳的衣服,可以不用穿襪子,因為新生兒的腳很小,襪子往往穿不住,連身衣可以確實保暖,只是使用期限比兔裝更短,只要寶寶長高一點點就無法穿。穿的時候更麻煩,小孩動來動去,全身又軟趴趴,要把他的腳塞進去就要花很久時間,除非你有興致打扮嬰兒,不然這種要花很長時間穿的衣服就還是不用買了。

✖ **小手套**:一定要買有鬆緊帶的才戴得住,而且不是每個寶寶都喜歡戴,像鈞在新生兒時期,每次都會想辦法把手套弄掉。趴睡寶寶就建議不用買,戴了會妨礙活動,如果吸手指就更不需要戴了,會吸不到手指。小手套通常親友送的衣服禮盒中都會有,不必再額外購買。

## 清潔用品

新生寶寶皮膚吹彈可破，抵抗力比大人弱，無論消毒清潔都需要更細心。可以買消毒鍋、奶瓶刷、奶瓶清潔劑、洗衣精、嬰兒油／護膚霜／乳液、寶寶專用指甲剪、濕紙巾、防脹氣膏等，幫寶寶消毒用品和清潔。

### ❀ 消毒鍋

分蒸氣消毒鍋、蒸氣烘乾消毒鍋、紫外線消毒鍋。蒸氣消毒鍋最便宜，缺點是消毒完後，奶瓶會殘留著水，冷卻後容易因為潮濕滋生細菌。蒸氣烘乾消毒鍋在蒸氣消毒後烘乾就能減少滋生細菌的機會，只是烘乾是引用外部空氣，不如紫外線消毒徹底。紫外線消毒鍋消毒最徹底，缺點是高溫容易讓塑膠製品脆化，如果使用紫外線消毒就要常常更換奶瓶奶嘴。

**鈞媽育兒 TIPS**

最省錢的消毒就是用瓦斯爐燒一鍋開水，將奶瓶放入熱水中消毒，但是……聽我的，別那麼辛苦，買個消毒鍋，把全部東西扔進去，按一個按鈕就輕輕鬆鬆消毒完畢。

### ❀ 奶瓶刷、奶嘴刷

刷奶瓶用，奶瓶形狀細長，一定要用奶瓶刷才能清洗乾淨，可以選用海綿，比較不會把奶瓶刮傷，用完後找掛勾吊起來晾乾，不然容易滋生細菌。

### ❀ 奶瓶清潔劑

母奶和配方奶都有豐富的油脂，沒用清潔劑很難洗乾淨，選購上要買「寶寶專用」或蔬果清潔劑，比較安全。

### ✿ 洗衣精

大人和小孩的衣服要分開清洗，光用清水很難把奶漬洗淨。小孩的洗衣精要選擇防蟎、無螢光劑、抑菌、無香精（聞起來很香就不要買）。

### ✿ 嬰兒油／護膚霜／乳液

寶寶洗完澡後，可以用嬰兒油／護膚霜／乳液（選擇其中一種）滋潤皮膚，也可以順便幫寶寶按摩，這時候就是培養親子感情、互動的時候，寶寶按摩是很重要的一門課。

### ✿ 寶寶專用指甲剪

衛生和安全考量，指甲刀不要跟大人混用，寶寶用的比較小支，可以趁睡著時一隻一隻指頭剪，要剪成平型（兩側不剪）或方圓型，切記不要將指甲兩側剪得太裡面。

### ✿ 濕紙巾

要選擇無酒精和無香精的，以免刺激嬰兒肌膚。一開始要買有外盒或有蓋子的濕紙巾包，如果單買補充包，開口的黏性很快就不黏，結果濕紙巾就會乾掉。我一開始貪便宜都買補充包，結果裡面紙巾乾得很快反而浪費。冬天如果覺得紙巾太冰，也可以買濕紙巾加溫器，溫溫的讓屁屁更舒服。

### ✿ 護疹膏／凡士林

寶寶的屁股因為長時間被尿布悶住，洗完澡時可以用護疹膏或凡士林擦屁股和皺摺處，比較不容易長濕疹。

### ✿ 防脹氣膏

寶寶喝奶會吸入很多空氣，常常脹氣，防脹氣膏平時可以拿來擦寶寶的肚子，順便做嬰兒按摩。

 **不建議購買的物品** ✕

- ✕ **痱子粉／爽身粉**：老人家會告訴你洗完澡要擦痱子粉／爽身粉，但其實粉末容易堵塞毛孔，也會吸入氣管，粉末中的滑石粉成分對身體並不好。可以改用屁屁膏這類產品代替。

- ✕ **奶瓶夾**：這是我買了以後從來沒動過的物品。奶瓶放入消毒鍋後，多數人都是冷了才會拿起來用，奶瓶夾完全用不上。

## 衛生和沐浴用品

這個項目應該是很多新手媽媽會大量敗家的物品，該買什麼？尿布、澡盆、浴網、沐浴乳。

### ❁ 尿布

依嬰兒體重分成：NB、S、M、L、XL、褲型、晚安褲（國外品牌還有更大的size，不過現在你不需要知道）。新生時NB只要買1包，因為嬰兒長得很快，很快就要用S。前3個月時，可以買貴一點的尿布；3個月後就可以白天用便宜的尿布（3～4小時換1次），晚上用貴的牌子，如滿意寶寶、幫寶適、尿布大王、麗貝樂等等（睡過夜不換尿布）。如果發現會漏尿便，可更換更大一號的尿布，而夜間尿布因為需要裝大量尿液，所以可以換比白天大一號的尿布。

### ❁ 澡盆

正規的澡盆都比較深，如果坐月子時沒人幫你替新生兒洗澡，可以先買便宜的臉盆，或是正規的澡盆加上浴網。

## ❀ 浴網

多數的浴網都只有一層網子，讓新生兒躺在上面，當然寶寶不可能安安靜靜躺在網子上讓你洗澡，扭來扭去不小心就會翻進水裡，可以買有加上帶子、洗澡時把身體（肚子）固定住的款式。

## ❀ 沐浴乳

寶寶皮膚比大人薄，平時盡量用清水洗就很乾淨，除非弄得很髒或大量流汗時再用「寶寶專用」沐浴乳。另外，很多人覺得酵素成分天然，拿來洗澡很好，其實酵素洗淨力太強，反而會刺激和傷害皮膚，不建議使用。

 **不建議購買的物品** ✖

- ✖ **洗澡專用溫度計**：幫寶寶洗澡時，要先放冷水、再放熱水，媽媽的手就是最好的溫度計，你覺得最舒服的溫度就能替寶寶洗澡，溫度計完全不需要。
- ✖ **尿布墊**：我沒有買過。寶寶換尿布時，如果你會擔心突然出現尿液噴泉，可以下面先墊浴巾，加快換尿布的速度，男寶寶則可以先用尿布前端遮住小小鳥。

## 寢具用品

傳統的媽媽會跟你說：買嬰兒床一點也沒用，最後還不是跟媽媽睡。我個人意見是：為了培養良好睡眠習慣、安全性，要堅持讓寶寶睡嬰兒床。寢具相關產品有：嬰兒床、蚊帳、4～8件浴巾、側睡枕、音樂鈴、床圍、床單夾、睡袋／防踢睡衣等。

### ❀ 嬰兒床

直接買大床（前面已經重複很多次：寶寶長大速度很快），要注意床板是否能夠降到最低，要有裝防咬條（長牙時一定會咬床欄），注意升降開關會不會夾手，床板選藤編的會比木板柔軟好睡。另外，現在也有各式的床邊床，媽媽在床邊照顧小孩非常方便。

### ❀ 蚊帳

除了防蚊子叮咬，還能遮蔽光線，非常實用。等寶寶月齡較大，還能提供遮蔽，讓他專心睡覺。切勿使用電蚊香這類化學產品，會傷害寶寶身體。

### ❀ 4～8件浴巾／包巾或蝴蝶衣

浴巾直接在嬰兒床上鋪四層，透氣又好更換，弄髒時抽掉最上層那條，鋪的時候要把浴巾的邊邊塞進嬰兒床的欄杆細縫，表面一定要拉平。浴巾買的時候要注意吸水性，因為寶寶不定時會大吐奶，要確保浴巾能把奶水吸收掉。浴巾用途很多，小的時候可以當小被子、餵奶時墊在下面（避免溢奶吐奶弄髒床鋪）；以後不用時，也能拿來洗好澡時擦身體，當普通浴巾用。仰睡小孩可以用包巾包起來睡眠，避免淺眠時驚醒。

### ❀ 側睡枕（選購）

如果你害怕寶寶趴睡，就買專用的側睡枕固定身體，不要用枕頭或棉被取代，因為如果不小心翻成趴睡容易悶住口鼻。

### ❀ 音樂鈴

逗弄新生兒的必備品。寶寶剛出生時，你往往不知道該怎麼陪他玩，自動轉動的音樂鈞可以幫你代勞。鈞剛出生時，喝飽奶、打完嗝後我都會先請音樂鈴幫我吸引鈞的目光幾分鐘（趁這時間我去洗個奶瓶）。

### ❀ 床圍

除了防止寶寶撞到床欄，還能遮蔽視線、減少外界干擾、提供安全感，是必備品。市面上的床圍都比較低，我會到網拍或永樂市場請人製作高度比較高的床圍，月齡更大時會更好用。

### ❀ 床單夾

有些嬰兒床沒有辦法將浴巾塞進欄杆細縫，就可以在最上面鋪上一層薄床單，再用床單夾夾住，固定住浴巾和床單，讓床面平整。

### ❀ 睡袋／防踢睡袍

每個小孩屁股都有三把火，體溫都偏高，棉被根本蓋不住，只要會動就會開始踢被子，不如買睡袋或防踢睡袍，讓他穿著睡覺就很溫暖。想知道寶寶睡覺時會不會穿得太熱，可等他睡著後，用手伸進背部，如果沒有流汗就表示剛剛好。

 **不建議購買的物品** ✖

- ✖**棉被／小被子**：寶寶是蓋不住棉被的，用了反而會有悶到呼吸的危險。
- ✖**床墊／乳膠墊**：新生兒睡的床絕對不可以軟，一般床墊都太軟，口鼻容易陷入床中，乳膠墊很熱又不透氣，更不要給寶寶使用。
- ✖**枕頭**：千萬不要買枕頭或趴睡枕，嬰兒睡覺不需要枕頭的，不要相信商人告訴你枕頭有多透氣。

## 🌸 外出用品

建議前 3～6 個月都應避免帶新生兒外出，不過這個難度太高，媽媽天天悶在家裡也會悶出病，那麼這裡就先介紹新生兒出門需要的物品：嬰兒推車、安全座椅、親密背巾或背巾、抱被。

### ❀ 嬰兒推車

要選有品牌的嬰兒推車，選購時注意寶寶的手是否會在推車細縫處夾到，收起來時會不會夾到媽媽的手。我很少用背巾（胖子很怕熱，背著嬰兒等於兩個人一起熱到流汗），幾乎都是帶推車到處趴趴走，推車後面可以掛掛勾，買菜還能掛在後面，是必買品。

### ❀ 安全座椅

剛出生時，可以用手提籃，也能購買躺坐兩用安全座椅，月齡小用躺的，大一點就可以頭朝前用坐的。

### ❀ 親密背巾／背巾

親密背巾很適合親餵母乳的媽媽，除了提供安全感，還能讓媽媽輕鬆在外面餵奶。另外，可以選一般背帶／巾，等寶寶會坐後也可以買坐墊型背巾。用背巾的好處是方便移動，上公車時還能空出兩隻手抓桿子（現代人讓座機率低），寶寶外出想睡時，因為是靠在媽媽身上，也比較好哄睡。

### ❀ 抱被

新生兒剛出院，出門時需要用抱被包起來，可以視季節購買薄的或厚的，在家或在嬰兒推車上睡時可以當成小被子蓋，準備一件即可。

## 其他物品

新手媽媽要學習一些居家護理的知識，可以買輔助機器：包含耳溫槍、電動吸鼻機等。

### ❁ 耳溫槍

平日要習慣用一手手背摸嬰兒的頭、一手摸自己的頭，確認雙方體溫有沒有一樣，如果覺得溫度偏高，再用耳溫槍量，耳溫超過 37.8 〜 38 度 C 就是發燒。

### ❁ 電動吸鼻機

寶寶如果開始流鼻水或感冒，除了拍痰（把嬰兒橫放在媽媽膝蓋上，頭朝下，手呈碗狀拍嬰兒的背，幫助他把痰咳出來），也要用吸鼻機把鼻涕吸出來。吸鼻機有手動式的，只是吸力太小，電動的比較方便，將鼻涕吸出來才不會惡化成支氣管或細支氣管炎。

### ❁ 黑白書

除了音樂鈴，這是另一個我覺得很好吸引嬰兒注意力的利器。寶寶這時只看得到黑和白，光是翻黑白書也能消磨一下時間。

### 📣 可以晚點買的物品 ⚠

- ▲ **副食品用具、固齒器**：等開始吃副食品時再買都還來得及，別浪費錢太早買。
- ▲ **監視器**：嬰兒要約 3 〜 4 個月視線才能追著移動物品，所以可等 3 〜 4 個月後再買。

## 第二章

# 新生兒作息大作戰

## 1 寶寶出生的第 1 個月

剛生下孩子，應該以恢復體力為最重要，如果能有他人或月子中心協助照顧寶寶是最好的選擇，在坐月子期間便可不需要考慮任何育兒的要求（如睡過夜、4 小時喝 1 次奶等等），只需考慮是否有把新生兒餵飽奶和自己有沒有休息到、是否有恢復體力即可。

### 4 個注意事項

**注意 1　媽媽只需盡量維持規律的餵奶**

在第 1 個月時，為建立媽媽的奶量和讓寶寶學習吸吮母奶，不需勉強一定要 4 小時餵 1 次，應該和緩的建立寶寶的飢餓循環，親餵母奶 2.5～3 小時餵 1 次，配方奶 3～4 小時餵 1 次。請觀察寶寶餓的循環，假設寶寶喝完奶後能撐 2 小時又 35 分鐘，就請你每隔 2 小時 35 分鐘餵 1 次奶；如果寶寶一開始就能 4 小時喝 1 次，則請繼續維持。新生兒大多數時間是在睡覺或喝奶，除了生病、腸絞痛，都是睡到極餓才會醒來哭並討奶喝，但我們希望建立起新生兒飢餓的循環，所以建議規律餵寶寶。

**注意 2　幫助新兒生白天有清醒的時間**

- 白天做到喝奶（飲食）⇨ 讓孩子清醒幾分鐘 ⇨ 寶寶累了讓他睡覺。
- 晚上做到喝奶（飲食）⇨ 拍嗝（直抱一下）⇨ 睡覺。
- 為了養成寶寶餓的規律循環，夜奶也要規律餵，不需要等到哭了才餵。

**鈞媽育兒 TIPS**

雖然新生兒都是在睡覺，並不表示 24 小時都在睡，為了避免晚上清醒玩、白天都在睡覺，白天除了睡覺，盡量保持室內明亮。新生兒喝完奶後會很舒服想睡，但也為了避免養成奶睡的習慣（習慣含著乳頭或奶瓶才能入睡），盡可能喝完奶後叫醒他，就算只有醒幾分鐘也可以，再讓他因為疲倦而自然入睡。

## 注意 3 新生兒累的判斷法

滿月前，寶寶喝完奶打 3 個哈欠以上，或是累到有點「歡」、哭鬧、揉眼睛、不想跟你玩、眼神發呆時就能放寶寶上床睡覺，務必確認寶寶已經累了才能讓他上床睡覺。

## 注意 4 餵奶間隔的算法

從開始餵奶的時間點計算，假設你是 3 小時餵 1 次，第 1 餐 7 點餵奶、下 1 餐是 10 點才餵。

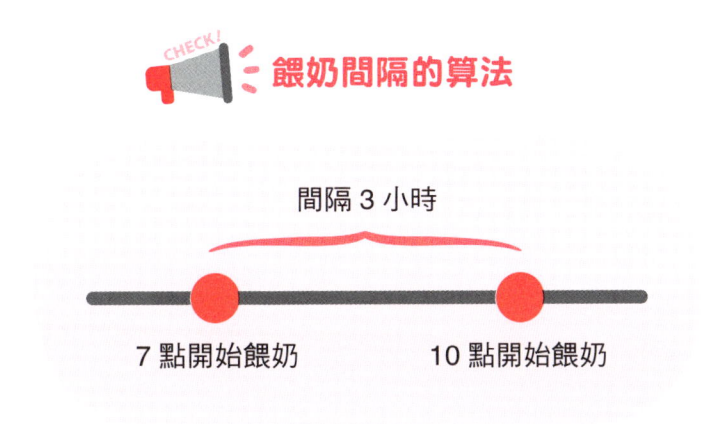

**CHECK! 餵奶間隔的算法**

間隔 3 小時

7 點開始餵奶　　　10 點開始餵奶

第二章｜新生兒作息大作戰

## 坐月子常犯的錯誤

### ✘ 錯誤 1　強行戒除夜間喝奶

很多媽媽受不了寶寶一直不停要奶,希望寶寶和媽媽晚上能好好睡覺,認定讓寶寶晚上哭個幾天就會放棄喝奶,其實是錯誤的。寶寶體力無法撐過夜時,無論哭多久都不可能放棄不喝奶。

### ✘ 錯誤 2　硬是讓寶寶 4 小時喝 1 次奶

6 個月前的寶寶會以飢餓為能否穩定作息依據之一,很多母親強迫自己一定要 4 小時餵 1 次奶,寶寶因為吸吮力、胃容量、體力等因素無法撐到 4 小時才喝奶,導致一整天哭著要喝奶,母親無法忍受哭泣聲而放棄規律作息。此時建議先確認寶寶多久需要喝 1 次奶,接著縮短餵奶時間的間距。

### ✘ 錯誤 3　未滿月就讓寶寶獨自睡一間房

建議在 6 個月後(分離焦慮症前)再讓寶寶睡一間房,雖然 6 個月前嬰兒與母親會互相干擾睡眠,但是能提高對新生兒異常狀況的注意,避免夜間意外或猝死症的發生,況且戒除夜間喝奶前若不停跑到嬰兒房餵奶,對母親也是個負擔。

### ✘ 錯誤 4　哭就立刻餵奶

哭不等於肚子餓。當新生兒哭時,媽媽務必先確認是否為淺眠哭泣、驚嚇反射(醒來時手腳抽動,宛如驚嚇到)、尿布濕等原因,規律餵奶的方法最能幫助媽媽找到哭的原因。

## 睡姿的選擇——仰睡、側睡、趴睡

寶寶抱回家後，往往母親必須抉擇該怎麼決定寶寶的睡姿，依我的經驗，如果在寶寶學會翻身前，同時習慣仰睡、趴睡、側睡，就會自動跳過因為不習慣其他睡姿而起床哭鬧的時期（約 4 個月時）。

### ❀ 仰睡 ▶▶ **較安全的睡姿**

仰睡為身體胸口朝上，背部躺在床上，臉朝上或側向左右邊的睡法，是現今認為較安全的睡姿。

嬰兒在母親肚中時被羊水包覆，身體捲曲呈趴狀，故仰睡對嬰兒是很不習慣的姿勢，最常發生問題是**驚嚇反射**（睡到一半手腳抽動，似驚嚇到後開始醒來大哭），以及淺眠清醒後而無法再度入睡。

另外，仰睡對新生兒而言，由於離母體環境差異太大，燈光或刺激也很大，自然很難入睡，造成寶寶放入嬰兒床後，會繼續玩直到過累了卻無法入睡就開始哭到下一段喝奶時間。多數母親可能開始塞奶嘴讓寶寶含著入睡（養成一種入睡習慣），或是奶睡、搖睡、哄睡、抱著睡。塞奶嘴是媽媽半夜幫寶寶撿奶嘴噩夢的開始，寶寶要等到 6 個月肢體動作發展好後才會自己找尋放置在身邊的奶嘴吸。

常常有人問我：為什麼新生兒可以整天都不睡，或睡著 30～40 分鐘左右就醒來；或是喝完奶後整段小睡都不睡，直到下一段喝完奶就昏昏沉沉睡死叫不起來？這些都是仰睡造成的原因。

習慣驚醒的孩子會漸漸習慣醒「很長的一段時間」，整體睡眠時間減少，如此母親就會常常搞不清楚寶寶是否累了（有時根本連哈欠都不打），放上床後，無論寶寶哭多久都無法睡著，或是哭一哭睡著後不到幾分鐘又**醒**來繼續哭，都是因為**寶寶過累**了。

★ 驚醒改善 3 建議

❶ 寶寶要睡覺時，用包巾將嬰兒包起來，把室內燈光關暗；孩子累了以後，媽媽可以試著抱一下等眼睛快瞇掉才放入床中，或塞奶嘴先讓孩子吸吮到想睡覺（切勿含著奶嘴入睡）就拿掉，確認孩子眼睛有看到床後放入嬰兒床。

❷ 驚嚇反射若很嚴重，可縮短為 3 小時餵 1 次奶的作息。

❸ 其他方式，比方說包肚圍、腹部蓋個重一點的小被子（不能太大件，避免發生意外），以上這些方式都是為了營造出接近母親肚中一樣的環境，讓寶寶好好睡覺。假如寶寶睡約 30～40 分鐘後淺眠醒來（或醒來前手腳開始扭動），可以將奶嘴塞進去讓寶寶吸一吸製造睡意快睡著且尚未睡著時，再拿出來讓寶寶繼續睡。

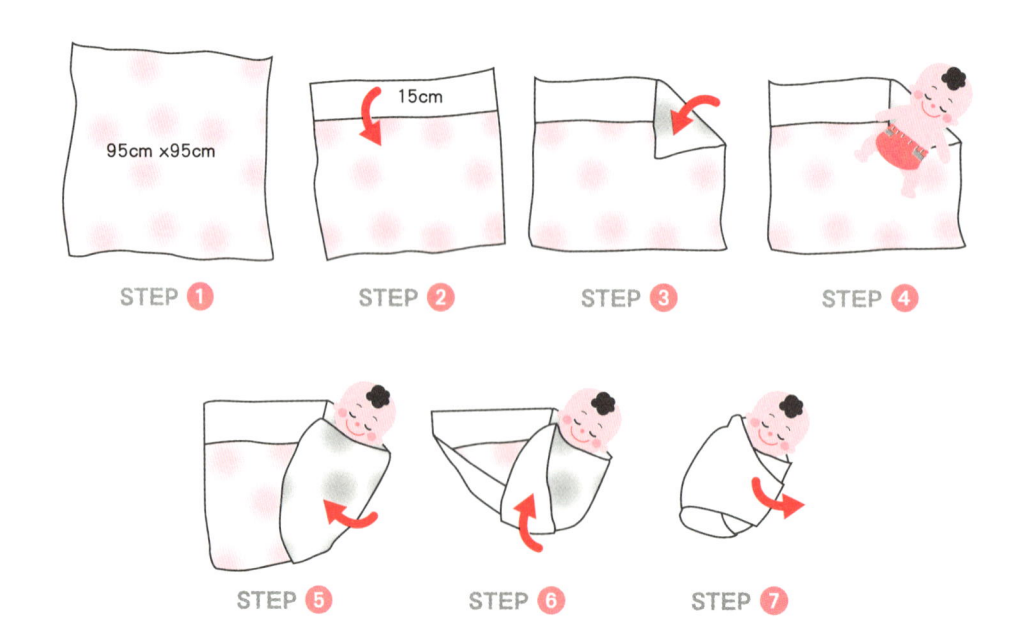

## STEP 包巾包法

STEP ❶ 95cm×95cm

STEP ❷ 15cm

STEP ❸

STEP ❹

STEP ❺

STEP ❻

STEP ❼

★ 仰睡注意事項

- **仰睡容易發生的睡眠中的意外有**：溢奶、嘔吐。奶和嘔吐物可能會回嗆堵住呼吸道或吸入肺部，建議喝奶一定要仔細拍嗝，剛喝完奶時直抱，也要避免喝完奶立刻睡覺。剛睡著時頭可以墊高或躺斜避免溢奶回嗆。不建議已經習慣仰睡的孩子改成趴睡或側睡，更不能為了避免溢奶而改成側睡，習慣仰睡的寶寶頸部比較不夠力，不小心變成趴睡時很容易發生意外。白天陪寶寶玩的時候多讓寶寶趴著練習抬頭，訓練頸部力量。
- **建議採折衷的方式**：白天如果有人照顧時用趴睡，晚上再仰睡，這也能幫助寶寶睡得更好，因為**寶寶白天大人有精神照顧和注意**，小睡睡得好，晚上則因為白天疲累的累積而減低驚嚇反射產生，晚上也會睡得好。

## 側睡 ▶▶ 需留意的睡姿

側睡為整個身體傾斜，頭和胸口朝向左側或右側的睡法。

坊間有賣側睡枕，可以將**寶寶固定在側睡的位置，寶寶驚嚇反射也會比仰睡少**，也能避免溢奶嘔吐時堵住口鼻。一般而言，向右側臥比向左側臥更佳，因為心臟在左邊；只是為了**寶寶頭型，建議每次小睡都要換邊睡**。

側睡很容易因為**寶寶扭動身體而變成仰睡或趴睡**，大人須時時注意寶寶的狀況，避免把大型棉被或雜物放在身邊，造成趴睡而發生意外。

## 趴睡 ▶▶ 不鼓勵的睡姿

趴睡為臉朝向左邊或右邊，胸口朝下的睡法。

趴睡最接近嬰兒在母體內的姿勢，最有安全感，最能讓寶寶好好睡覺，不易驚醒。趴睡寶寶頸部發育速度快，四肢與胸部等肌肉張力發育

速度也比仰睡快，也因為趴睡容易吸到手指，所以趴睡寶寶很快都會找到淺眠時安撫自己（吸手指）、再度入睡。

趴睡比其他睡姿需要更注意嬰兒床的鋪設，鋪好一張屬於趴睡的床，能讓寶寶有更安全的睡眠環境。

**注意** 鈞媽不鼓勵趴睡，請父母必須評估該負擔的風險。

## STEP 趴睡鋪床的方法

**STEP 1** 鋪浴巾能在寶寶嘔吐、哭泣時吸收眼淚和嘔吐時的奶水，避免堵住口鼻，將4條吸水浴巾鋪在床上，四邊塞進床欄，也可以再加上1層床單；用床單夾或安全別針夾在寶寶抓不到的地方。夏天時，鋪4條浴巾過厚，建議鋪兩層或較薄的浴巾就夠了。和式床、彈簧床、遊戲床在鋪浴巾時，最上面一定要加上床單，並用床單夾夾住，避免浴巾整個被寶寶抓皺堵住口鼻。

**STEP 2** 整個床板必須確保小孩的臉不會陷下去，造成呼吸困難，所以底下不可以放乳膠墊，只能是硬木（藤）板。有些床板（遊戲床）比較軟，可以到家具店或木材行裁切適合的板子使用。

**STEP 3** 假如趴睡小吐奶，小孩又在哭，建議不要抱起來換衣服和床單，等小孩睡熟後，偷偷把臉移到乾的地方即可，等起床後再抽掉上面的浴巾。

**STEP 4** 絕對不可以放趴睡枕！趴睡枕雖然號稱透氣，但是沒有辦法保證百分百吸收水分。至於包巾、手套這些配件，主要是給仰睡寶寶使用，趴睡寶寶用不上，包巾和手套容易造成無法活動和自行調整睡覺姿勢時的意外。

STEP ❺ 如果要蓋被子，建議蓋浴巾且塞在腋下即可。床上淨空，寧可給寶寶穿多一點衣服保暖，圍肚圍來代替厚重的被子。

STEP ❻ 浴巾通常用久都會被寶寶亂抓出小毛屑，這是正常的，換新的就好。

STEP ❼ 無法自由換邊睡（自由轉頭）的孩子不能趴睡，請選擇側睡或仰睡，這表示寶寶頸部較無力。

STEP ❽ 一定要獨自睡嬰兒床，不可以和大人一起睡，大人床多數為彈簧床且上面有厚重棉被，容易不小心覆蓋到嬰兒發生意外。

★ 趴睡寶寶睡法

**姿勢 1** 睡時，頭側向左右邊。媽媽常問：臉只睡同一邊，頭形會不會扁掉？嬰兒會習慣臉朝向門或避開窗戶的光，媽媽不用太擔心，可以每次小睡時讓寶寶輪流頭朝床頭或床尾，也可以偷偷在寶寶熟睡時幫他換邊就好。

**注意** 新生兒身體非常柔軟，將他放成趴狀時注意不要抓手臂。

**姿勢 2** 頭向下，手墊在臉的四周，屁股翹高高，略呈跪姿。這個睡法很容易驚嚇到媽媽，鈞小時候常嚇得我一直用手伸進去確認鈞是不是有在呼吸。請不用擔心，寶寶很聰明的，會用手墊高臉部。

## 預防嬰兒猝死症

「嬰兒猝死症」簡單的解釋，就是原本檢查沒有任何問題的健康嬰兒，突然無預警死亡，多半發生在睡眠中，不分人種地域，好發於 2～4 個月。

當發生趴睡致死時事件發生時，都會讓父母很焦慮。然而，趴睡能讓嬰兒睡得更安穩與減少驚嚇反射，教母親很難取捨。我們先弄清楚，猝死的原因之一是趴睡所導致，但是發生猝死的原因卻不只是因為趴睡，還包括先天性疾病、溢奶、神經系統、心肺功能、溫度過高或過低、早產兒、意外等。此外，母親懷孕時年齡過低、懷孕時抽菸或吸毒，同樣容易導致寶寶猝死。媽媽應該對新生兒狀況提高注意力，在決定睡姿時，務必詢問小兒科醫師。

### CHECK! 決定睡姿的初步判斷

**○ 適合趴睡的寶寶**
容易嘔吐、胃食道逆流、呼吸道異常、斜頸、感冒時有痰等。

**✗ 不適合趴睡的寶寶**
先天性心臟病、心肺功能相關問題、腸套疊、腸胃先天性疾病等。

我不鼓勵趴睡，請務必評估趴睡產生的風險。鑑於預防新生兒安全，以下推薦幾種儀器供參考。

### ❀ 嬰兒動作聲音感應器

包括一塊感應板、一個主機、兩個接收器（可以讓兩個大人在不同的地方接收）。感應板是放在床墊的下方，如果連續 20 秒小孩沒有任何的動作（包括呼吸），鈴聲就會響起。

## ✿ 嬰兒呼吸感應器

當嬰兒每分鐘的呼吸頻率少於 10 下或停止 20 秒後,呼吸感應器便會閃燈(紅色燈)及發出警報聲響。不過這產品的使用期限很短,等寶寶會翻滾後就無法使用。

## ✿ 網路監視器

與小孩分房後,我百分百推薦此產品,比起嬰兒監聽器,這產品更優,不管小孩幾歲都能使用,在以後的日子裡,媽媽不需要擔心小孩啼哭時是發生了什麼狀況,透過監視器,可以在正確的時間點進入嬰兒房,也不必一直進房間干擾小孩睡眠,像我自己也會錄影留著當寶寶的回憶。

# 餵奶的學問

### 學問 1 奶瓶的選擇與瓶餵

要選擇有防脹氣裝置的奶瓶,不管是選擇圓孔,Y 字孔或十字孔,當你發現寶寶喝奶時間變得很長,且喝不完時,就需要考慮是否是奶嘴頭過小應更換的問題。

瓶餵奶的方式應該是先餵到八分滿就要打嗝,餵完後再打嗝,打嗝後確認還要不要喝。因為嬰兒喝進去的都以空氣居多,母親必須確認他的肚子內是否都是奶,小嬰兒溢奶很正常,而且有小溢奶才代表有吃飽。如果餵完還是哭鬧,建議試著增加奶量。

有些寶寶個性很急,餵到一半或八分滿打嗝會生氣哭鬧,建議還是先餵完再打嗝。

## 學問 2　減低噴射性吐奶

**溢奶**　新生兒的食道末端括約肌發育尚未成熟，餵完奶打嗝、翻動身體都有可能嘔一口奶（或很多奶）到嘴邊、身上（溢奶），這是正常的，新手媽媽不用擔心而一直減低奶量，以致讓寶寶餓肚子。

**噴射性吐奶**　比較需要注意的是噴射性吐奶，像噴泉一樣將奶一口氣全部嘔出。噴射性吐奶原因可能是生病（喉嚨有痰、幽門狹窄），但絕大多數是喝進過多的空氣。

> **注意**
> 
> ・餵奶時要注意寶寶喝進過多的空氣、拍嗝一定要徹底，避免喝完奶就讓寶寶睡覺，讓他直立躺在你的懷裡 30 分鐘。
> 
> ・新生兒也非常會打嗝，造成原因有奶孔太大、喝的速度過快等，幫他拍背舒緩即可，不需要過度緊張。

## 學問 3　親餵母乳

　　餵食時間長短因人而異，有一定比例的寶寶吃一邊乳房就飽了，不小心睡著要叫起來，有時候新生兒只是含著吸吮，沒有在喝奶，你要把乳頭抽出，叫醒寶寶再繼續喝，維持清醒的吃奶或更換另外一邊給寶寶吸吮，一直喝到寶寶鬆開口；下一次餵奶從上一次結束的那邊或沒有吃的那一邊開始，乳汁前半部水分較多，後半部脂肪較多，你必須確保寶寶有喝到後奶，很多新生兒因為吸吮力較弱，只喝到前半部分的奶就累了不喝，結果不到 1 小時又餓了，如果發現寶寶很快就餓著要喝奶，表示他只喝到前奶或喝一點而已，請檢查你的餵奶方式，寶寶的含乳姿勢。當然，每個媽媽的情況不同，有少數媽媽會只餵單邊，對於親餵母乳有疑問時，務必諮詢母嬰親善醫療院所的醫護人員或國際泌乳顧問（IBCLC）。

　　很多媽媽會害怕餵不飽寶寶而急著改瓶餵。對自己要有信心，相信自己一定能餵飽小孩，第 1 個月寶寶吸吮力很弱，也需要時間練習吸吮，請多給寶寶一點學習的時間。

## STEP 發奶訣竅　DIY 花生豬腳湯

大量喝進液體是發奶的訣竅之一，有些媽媽會一直喝發奶茶、黑麥汁、花生豬腳湯（加通草）、鮮魚湯等，並依個人體質有不同的效用。

### 材料

- 豬腳（黑豬的較好）
- 花生（怕寶寶過敏可不加）
- 通草（清熱利血通乳）。

### 作法

1. 先將豬腳用滾水燙過，花生如果怕不軟可以預先煮熟。
2. 與通草一起放入電鍋或壓力鍋熬煮 1 個小時，水要放多一點（因為是要喝湯），起鍋後將油撈出，放涼就可以喝。

> **鈞媽育兒 TIPS**
> 若不喜歡豬腳的味道，可以加點鹽，去除豬油的味道。

## ● 幫寶寶洗澡

寶寶出生後，除了喝奶、睡覺外，洗澡也很重要。為寶寶洗澡，一方面是為了寶寶的衛生、健康著想；一方面父母也可以藉此觀察寶寶的成長及身體狀況，並增進親子互動。由於新生兒軟綿綿的，許多新手爸媽不敢為寶寶洗澡，擔心會發生嗆水意外，這些都是「信心」問題。如何為新生兒沐浴？只要掌握以下幾個重點，就可以輕鬆為寶寶洗香香囉！

### 重點 1 準備沐浴用品

選擇嬰兒專用的中性肥皂或沐浴露，準備浴盆、紗布巾、浴巾、嬰兒衣物、尿片、嬰兒專用護膚用品、棉花棒。洗澡前要先準備齊全，浴巾、紗布衣、尿片一定要先打開鋪好，這樣洗完澡才能盡快幫寶寶著衣，不僅能避免寶寶著涼，也比較不會手忙腳亂。

### 重點 2 合適洗澡的時機與環境

盡量在餵奶前或是喝奶後 1 小時為寶寶洗澡，以防溢奶。室內溫度要保持在 25 度以上，天冷時可備電暖爐（保持安全距離）。浴盆內先放冷水再加熱水，水溫控制在 38 度～ 42 度之間，盡量在 10 分鐘之內完成，以免水溫下降受涼。

### 重點 3 沐浴步驟有順序

採取橄欖式抱法為寶寶洗香香，用左手手掌托住寶寶的頭頸部位，再用手臂夾住寶寶的腰臀部位，這樣就可以固定寶寶，不用擔心滑落。先洗臉再洗頭，最後洗身體。

## STEP 沐浴步驟

**STEP ❶ 臉部清洗：**用紗布巾的兩個角落分別擦拭雙眼，眼角由內向外擦拭，避免交叉感染，再依序清洗鼻孔、耳朵、臉部部位，使用清水即可。

**STEP ❷ 頭部清洗：**用左手大拇指、中指分別壓住寶寶兩耳，防止耳朵進水；另一隻手用紗布巾沾濕寶寶頭髮，再抹肥皂或沐浴露輕輕搓洗，最後再以紗布巾沾水後洗淨並擦乾。

**STEP ❸ 身體清洗：**先用水輕拍寶寶胸前，讓寶寶適應水溫，再抱入浴盆內，以左臂支撐寶寶背部，左掌托住寶寶左腋下，依序清洗頸部 ⇨ 胸部 ⇨ 雙臂 ⇨ 腋下 ⇨ 腹股溝 ⇨ 生殖器 ⇨ 下肢。接著用左右兩手的虎口抓住寶寶的臂腋處，再用右手托住寶寶的左腋下，讓寶寶趴在右手臂上，清洗背部 ⇨ 臀部。

**STEP ❹** 洗好後，用大毛巾擦乾，尤其耳後、頸部、腋下、關節、腹股溝及皮膚皺摺處。然後，抹一點嬰兒油或乳液滋潤寶寶的肌膚，另外可以為寶寶小屁屁抹上護膚膏，再包上尿布，穿上衣，完成！

**注意** 大人指甲應剪短，並取下戒指、手錶等，以免刮傷寶寶。若寶寶臍帶未脫落，清洗時要避開臍帶處，依專業指示做好護理。

# 如何讓寶寶規律作息？

　　新生兒在媽媽肚子裡時，並沒有日夜的分別；在孩子出生後，媽媽慢慢帶著小孩習慣家裡的生活作息，跟隨家人每天在差不多的時間起床、睡覺，這就是規律生活的基本定義。很多人誤以為新生兒整天都在睡，幾乎沒有清醒的時間，這是錯誤的！寶寶有一定的清醒與睡眠時間，假如媽媽能將清醒時間平均安排在白天（白天就是喝奶、清醒、睡覺3個步驟不停循環），晚上也能陪同家人一起有長且安穩的睡眠。

　　在寶寶出生後1個月，你就能嘗試給寶寶一個規律作息。

## 0～3個月規劃作息與調整要點

- 滿月前每天睡眠總數約14～20小時，第2～3個月約14～18小時。

- 滿月前喝完奶清醒約10分鐘或一下下，就能安排上床睡覺，第2～3個月則緩慢拉長清醒時間。

- 觀察寶寶的狀況，規律時間餵奶，但是不需要固定奶量。

- 從早上第1餐奶開始，白天約有3～4段的喝奶、清醒、短睡眠（後續均稱為小睡）不斷循環，一直到夜間長睡眠前結束。

- 滿月後，如果你替寶寶規劃晚上12小時的睡眠，建議提早結束第3段小睡，提早約40～90分鐘讓寶寶起床洗澡、清醒、餵第4餐奶，可以幫助寶寶晚上睡得更好。

以下二表僅供參考，實際情形仍需觀察你的**寶寶**狀況，每個寶寶實際需要的睡眠時間均不同：

### 採 3 次小睡

|  | 滿月前 | 滿月～2 個月 | 2～3 個月 | 3～4 個月 |
|---|---|---|---|---|
| 第 1 段小睡 | 3 小時 | 2.5～3 小時 | 2～2.5 小時 | 2 小時 |
| 第 2 段小睡 | 3 小時 | 2.5～3 小時 | 2～2.5 小時 | 2 小時 |
| 第 3 段小睡 | 2.5～3 小時 | 2 小時 | 1.5 小時 | 30～40 分 |
| 夜晚長睡眠 | 11～12 小時 | 11～12 小時 | 11～12 小時 | 11～12 小時 |

### 採 4 次小睡

|  | 滿月前 | 滿月～2 個月 | 2～3 個月 | 3～4 個月 |
|---|---|---|---|---|
| 第 1 段小睡 | 3 小時 | 2.5～3 小時 | 2.5 小時 | 2.5～2 小時 |
| 第 2 段小睡 | 3 小時 | 2.5～3 小時 | 2.5 小時 | 2.5～2 小時 |
| 第 3 段小睡 | 3 小時 | 2.5～3 小時 | 2.5 小時 | 2 小時 |
| 第 4 段小睡 | 3 小時 | 2.5～3 小時 | 2～3 小時 | 2 小時 * |
| 夜晚長睡眠 | 7～8 小時 | 7～8 小時 | 7～8 小時 | 8 小時 * |

\* 見第三章「延長夜間睡眠」P.124：寶寶會隨著月齡不喝夜奶和第 5 餐，第 4 段小睡和夜晚長睡眠就會連起來變成不中斷的連續睡眠。

### 步驟 1 劃分日夜

媽媽幫助寶寶安排白天喝奶（飲食）、清醒（活動）、小睡，夜晚則是長睡眠，這就是「作息」。首先請你思考：家人幾點起床、幾點睡覺。孩子的生活跟隨著家人，讓寶寶慢慢適應家中的生活。

滿月後，制定一個嚴格或寬鬆的作息，媽媽可以觀察寶寶的狀況、記錄喝奶的間距時間，將 24 小時的其中 10～12 小時當成寶寶夜間睡眠時間。例如：

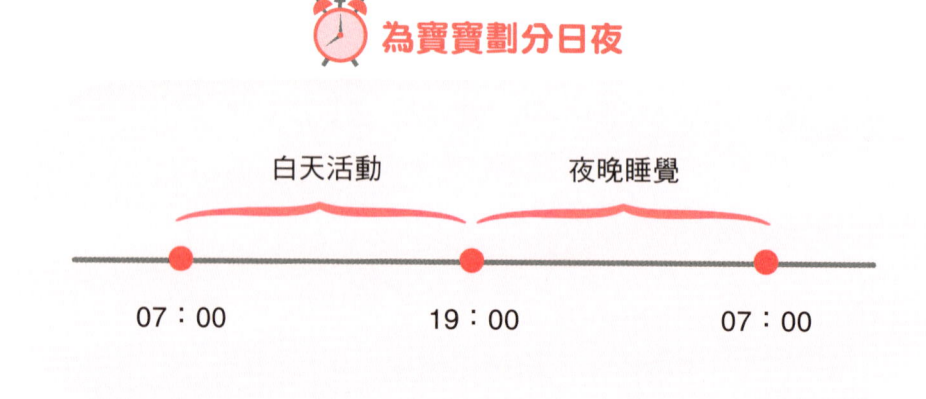

**為寶寶劃分日夜**

白天活動　　　　　夜晚睡覺

07：00　　　　19：00　　　　07：00

一開始除了要替孩子養成規律作息外，也要注意陽光和太冷太熱的問題。需注意孩子睡覺期間不可以有陽光直射嬰兒床，並營造出「日夜」，也就是晚上睡覺保持黑暗或開小燈，白天就是亮亮的（仰睡的寶寶白天還是需要關燈避免刺激無法入睡），配合光線，能幫助寶寶體內的生理時鐘跟外面的晝夜時間一樣。

如果你替寶寶安排的作息是很晚起床又很晚睡覺，到了夏天或白天就會受到溫度和陽光照射影響，寶寶會越來越早起床。

也許你會問：可是我先生都比較晚下班，很希望寶寶能夠配合家裡一起作息。根據我與身邊朋友較晚作息（晚上 10 點）的成功經驗，在於「房間」：讓小孩房間位於不透光的房子中央，或是窗戶裝上隔熱隔光的窗簾。

**鈞媽育兒 TIPS**

很多人問我，可不可以擬定早上 11 點起床，晚上 11 點睡覺的作息呢？我的回答：很難成功！寶寶會越來越早起。人的生理時鐘都是日出而作、日落而息。調整成 6 點～6 和 7 點～7 點睡，這兩個作息最容易成功。理由無他，只因為這是太陽下山和上升的時間。

## 步驟 2 決定第 1 餐

規律作息的寶寶夜晚往往有 10～12 小時的睡眠。你必須根據家庭需要來決定作息，假設早上 7 點為第 1 餐，表示寶寶將來會從晚上 7 點或 9 點睡到隔天早上 7 點，你必須在第 1 餐叫醒寶寶喝奶開始白天的活動。

### ● 採 3 小時作息

寶寶第 2 個月開始，假設 3 小時喝 1 次奶。

( 1 天則有 8 餐 ) 07、10、13、16、19、22、01、04 為喝奶時間，01（第 7 餐）和 04（第 8 餐）為夜奶，決定早上 7 點為第 1 餐。

**2 如何讓寶寶規律作息？**

## 3 小時作息

| 時間 | 項目 |
|---|---|
| 7：00 | 第 1 餐 |
| 8：00～10：00 | 第 1 段小睡 |
| 10：00 | 第 2 餐 |
| 11：00～13：00 | 第 2 段小睡 |
| 13：00 | 第 3 餐 |
| 14：00～16：00 | 第 3 段小睡 |
| 16：00 | 第 4 餐 |
| 17：00～19：00 | 第 4 段小睡 |
| 19：00 | 第 5 餐 |
| 20：00～22：00 | 第 5 段小睡 |
| 22：00 | 第 6 餐 |
| 1：00 | 第 7 餐 |
| 4：00 | 第 8 餐 |

夜奶

　　等寶寶習慣作息後可以改成白天 3 小時喝 1 次奶，晚上 4 小時喝 1 次奶，作息變成 07、10、13、16、19、23、03，03 為夜奶（第 7 餐）。

　　母奶或仰睡寶寶建議從 3 小時為 1 次奶開始。

## ❀ 採 4 小時作息

寶寶第 2 個月開始，假如習慣 4 小時喝 1 次奶。

> 1 天則有 6 餐　07、11、15、19、23、03 為喝奶時間，03（第 6 餐）為夜奶，早上 7 點為第 1 餐。

### ⏰ 4 小時作息

| 時間 | 項目 |
| --- | --- |
| 7：00 | 第 1 餐 |
| 8：00～11：00 | 第 1 段小睡 |
| 11：00 | 第 2 餐 |
| 12：00～15：00 | 第 2 段小睡 |
| 15：00 | 第 3 餐 |
| 16：00～19：00 | 第 3 段小睡 |
| 19：00 | 第 4 餐 |
| 20：00～23：00 | 第 4 段小睡 |
| 23：00 | 第 5 餐 |
| 3：00 | 第 6 餐（夜奶） |

第二章｜新生兒作息大作戰

2 如何讓寶寶規律作息？

## ❀ 規律作息＝同時間做同件事

　　規律作息就是指「同時間做同件事」。多數新手媽媽會誤以為定時餵奶等於規律作息，事實上即便 4 小時餵 1 次奶，假設每天都不在同的時間點，還是形同混亂作息。舉例來說，下面的案例就亂七八糟，不知何年何月才能穩定作息。

**案例**

> **第 1 天 ➡**

媽媽今天餵奶時間是 10—14—18—22—02—06。

> **第 2 天 ➡**

結果第 2 天不小心睡過頭，早上 11 點才起來餵奶，於是第 2 天變成 11—15—19—23—03—07。

> **第 3 天 ➡**

假設第 3 天半夜孩子 03 哭要奶，04 又哭要奶，結果媽媽以為 4 小時餵 1 次，第 3 天就變成 04—08—12—16—20—24。

**重點**：不管幾點餵夜奶，第 1 餐都是同個時間，假設不小心作息跑掉，下一段還是要調回來。

### 📢 CHECK! 規律作息就是同個時間做同件事

規律作息就是同個時間做同件事，基於家庭需求，也能將作息在合理範圍內（比方說餵配方奶還是不能短於 3 小時餵奶，寶寶腸胃才能消化）擬定成不同的模式。

**舉例**

> 在鈞 2 個月時，因為我希望他能晚上準時睡覺，故我給鈞的餵奶時間為 07、11、15、18、23、03。提前 1 小時餵睡前奶，這樣我才能直抱鈞休息一下再睡，也可以避免餵完直接睡造成大吐奶，雖然其他時間都是 4 小時餵 1 次奶，只有最後 1 次是間隔 3 小時，每天都是一樣。

所以雖然不是整天都是 4 小時餵 1 次奶，而是 4 小時、4 小時、4 小時、3 小時，但是我每天都採用一模一樣的生活規律（同個時間起床、餵奶、睡覺），這也是一種規律作息。

接著你就會發現寶寶每天睡眠時間總量大致相同，那麼你要做的就是配合家庭主動替寶寶規劃、調整白天醒與小睡的時間，讓他習慣固定的晚上上床時間和早上起床時間，而不是放給寶寶自己調整生活作息，當你讓寶寶自由時間醒自由時間睡時，隨著月齡增加，寶寶會越來越愛玩、越來越晚睡或甚至白天都不睡，睡眠時數急速減少危害到寶寶本身的健康。

**重點**：為寶寶制訂作息時，也必須觀察寶寶本身的狀況，這需要靠媽媽每天記錄寶寶的生活作息。

### ● 步驟 3 白天就是飲食、清醒、小睡 3 件事

　　白天從第 1 餐開始喝完奶後，陪孩子玩一下，等孩子出現想睡、累的徵兆後（打哈欠超過 3 次、揉眼睛、開始「歡」、不想再跟媽媽玩），讓寶寶上床睡覺，小睡時間結束後再將寶寶叫醒餵奶。假如孩子睡到喝奶時間到卻還在睡，可以和緩的叫醒他喝奶，等完全清醒或稍微清醒時就開始餵奶。

　　讓新生兒保持清醒喝奶或睡覺時叫醒，對所有的新手媽媽都是一件難事，因為新生兒很不容易保持清醒或從睡眠中清醒，尤其是喝完奶肚子飽飽的時候。當你開始餵奶時，寶寶很容易喝著喝著就睡著了，媽媽就要一邊餵奶一邊叫醒，你可以搔搔癢、動動小寶寶的手腳，把乳頭（奶瓶）拉離寶寶的嘴邊、把尿布打開，讓他的屁股涼涼、用濕毛巾幫他擦臉，總之用各種方法讓新生兒清醒的喝飽一頓奶。

　　如果真的很難叫醒，喝完奶後（這時候寶寶已經完全睡死），請你等約 15 分鐘後再叫醒寶寶，接著陪他玩到累了後放入嬰兒床睡覺（小睡）；此舉可以讓寶寶在進入口慾期時不會養成要含著乳頭或奶瓶才能入睡的習慣。你要確認寶寶白天喝完奶後清醒且有充分活動，每餐奶都有喝飽，晚上自然有個好眠。

**鈞媽育兒 TIPS**

寶寶小睡時，你一定超害怕外面垃圾車音樂響起，或有人發出聲音把寶寶吵醒。我曾經因為這樣而對鈞爸劈頭大罵：你關門小聲一點。也聽過朋友去投書給市政府要垃圾車經過他家時把音樂關掉。教你一個小秘訣：白天寶寶小睡時在房間放小聲的音樂（古典音樂、三字經等，挑你喜歡的），讓他習慣白天在有聲音的環境中睡覺，就不容易被吵醒。

## ✿ 怎麼延長寶寶餵奶時間？

前面曾經提到：新生兒剛出生時是 2.5～3 小時餵一次。隨著寶寶月齡逐漸增加，胃容量也會跟著增加，奶量也會變大，你可以在滿月後或 3 個月後，將餵奶時間慢慢拉長為 4 小時餵一次，但是到底該怎麼拉長餵奶時間呢？

**方法 1　和緩的拉長餵奶時間**：當寶寶能每次都睡到小睡時間結束才會醒來討奶或每次小睡都需要你叫醒他，就能試著改成 3.5 或 4 小時餵一次。

**方法 2　和寶寶玩遊戲**：寶寶滿 3 個月後，依然無法 4 小時餵一次，請你試著寶寶哭醒時，抱著哄哄他、跟他玩，分散他的注意力，等餵奶時間到時再餵。真的無法轉移注意力或剩下 15～20 分就是餵奶時間，就能開始餵奶，持續約 1 星期建立新的飢餓循環。

## ✿ 可以和寶寶玩的遊戲

小寶寶完全不會動，很多媽媽就不會跟他玩，甚至希望寶寶自己玩（別訝異！我曾經遇過新手媽媽詢問該怎麼教新生兒自己玩），以下是我曾經和鈞玩的遊戲，當然你也可以參考其他遊戲。在剛喝飽奶、打完嗝，寶寶比較有精神時陪他玩耍，消耗他的體力。

**黑白卡**　新生兒只能看見黑和白，黑白卡可以吸引寶寶注意力。

**音樂鈴**　因為新生兒無法看遠的地方，我會降低音樂鈴的高度。

**腳踏車運動**　讓寶寶仰躺在床上，握住他的腳像腳踏車一樣前後踏，幫助寶寶腸胃消化。

> **注意**
> 等寶寶開始不耐煩時：可以抱著到處介紹東西，和他說說話，做嬰兒按摩的運動。

**鈞媽育兒 TIPS**　寶寶的習慣往往需要媽媽的培養，鈞從出生開始，喝完奶就算睡著，我還是會等一下後就叫起來玩。約 3 個月時，曾有臨時保母看到鈞喝完奶居然不睡，感到非常的訝異。

### ✿ 為什麼要拉長餵奶時間？

你一定會有個疑問：就一直保持 2、3 小時餵一次奶到吃副食品，不可以嗎？滿 3 個月的寶寶吸吮力、胃容量都比新生時候大，如果還是保持 2、3 小時喝一次奶，就像吃零食一樣，每餐都不願意一口氣吃到飽，喝一點就不喝，除了媽媽會疲於餵奶之外，寶寶也很難戒掉夜奶。

### ✿ 寶寶白天睡到一半起床哭，該怎麼辦？

前面都在談論寶寶白天要飲食（喝奶）、清醒、小睡，想必會有媽媽產生疑問：嬰兒都會順順利利在小睡時間睡到喝奶時間到才起床要奶喝嗎？

一個沒有被哄睡習慣的嬰兒，在多數時間都會睡到小睡時間結束，在少部分時間發生異狀時，會用哭聲來告訴媽媽，新生的嬰兒不會說話，只能用各種不同的哭聲來表達訴求，當你遇到寶寶白天小睡睡到一半開始哭時，身為母親應該做的就是傾聽他的訴求並處理，請你檢視並判斷是否是以下幾個原因：

**原因 1　沒喝飽奶，熱量不夠**：哭聲淒厲，而且白天每段都睡不到小睡時間結束，一定會起床哭想喝奶，你可以增加奶量，如果是親餵母奶就要注意寶寶的體重是否增加緩慢，以及換尿布時尿布都很輕。

**原因 2　太早放上床讓寶寶小睡**：這樣會因為不夠疲倦，無法睡到小睡時間結束，睡醒後會先睜著眼一下下（有的寶寶會先自己玩），接著開始無聊大哭。請拉長跟寶寶玩的時間，晚點放上嬰兒床讓他小睡。

**原因 3　有外來的聲音干擾、太熱、太冷、大便等**：嬰兒體溫偏高、易流汗，不建議在夏天穿得非常厚，可以試著室內空調維持恆溫，白天放小小聲的音樂讓寶寶習慣噪音，媽媽可以在寶寶哭起來時，用一根手指頭伸進尿布確認是否因為大便而哭。

**原因 4　淺眠不小心醒來**：0～3個月的寶寶有睡眠障礙，淺眠清醒時常常睡不回去，通常小哭個5～20分就會睡回去，在前3個月，這個狀況是最為頻繁，當媽媽越不干預，寶寶學習從淺眠醒來又自行睡回去的速度就會越快。

**原因 5　仰睡驚醒（驚嚇反射狀況約四個月後才會改善）**：包巾務必包緊，並將睡覺的房間電燈關暗，假如仰睡驚醒的情形越來越嚴重，媽媽可以試著縮短作息，3小時餵1次奶，白天每段作息安排成喝奶加清醒1～1.5小時，小睡2～1.5小時。

**原因 6　胃脹氣，須打嗝**：沒有被哄睡習慣的孩子，假如醒來哭超過20分，雙手握拳身體呈弓狀，你可以把寶寶抱起來，用脹氣膏按摩他的肚子，多數會發生在餵配方奶孩子的身上。

## ● 步驟 4　晚上保持喝奶和睡覺

　　結束白天3～4次循環的喝奶、清醒、小睡後，寶寶已經非常疲倦，需要夜晚長時間的睡眠，但是在寶寶奶量和體力尚未成長到能整夜不喝奶時（平均在出生後7～16周間夜晚會自動不喝奶，以下簡稱戒夜奶），媽媽只需要讓寶寶在夜晚喝奶、睡覺。戒夜奶的第一步，就是讓寶寶習慣晚上都在睡覺。如何幫助寶寶在夜間能睡得更長更舒服？

**方法 1　將洗澡放在喝睡前奶之前或之後**：洗完澡的舒服度能幫助寶寶有更長的夜晚睡眠，少數寶寶洗澡後會更興奮，則可將洗澡時間提早。

**方法 2** 餵睡前奶後,不可以直接放下去睡覺,避免寶寶大吐奶。建議打完嗝、直抱或休息一陣子(但是不玩耍)後再讓寶寶睡覺。

**方法 3** 夜晚房內保持黑暗或開小燈:晚上無論夜間喝奶(以下簡稱夜奶)幾次,都保持喝完奶、打完嗝就直接睡覺。夜晚就是喝奶、睡覺兩件事情在重複,不讓寶寶有醒著的機會,直到第 1 餐。

## 步驟 5 預留延長睡眠的夜晚時間

在替寶寶規畫作息時,注意不能用大人的作息思考,大人晚上只需要睡 8 小時或更少,但孩子卻需要睡 10 ～ 12 小時。

3 個月前,寶寶夜晚會連續睡 3 ～ 8 小時且中間不需喝奶;3、4 個月後,寶寶會少掉 1 餐,其中一段小睡會和晚上 8 小時連接起來,夜晚連續睡眠延長至 10 ～ 12 小時且中間不需喝奶,你在 3 個月前就能預先規劃延長睡眠的時間,要延長成 10 或 12 小時,將該段小睡時間納入夜晚睡眠,讓寶寶在這段時間都保持在喝完奶後、打嗝、睡覺、不清醒玩耍(詳細做法請見第三章「4 延長夜間睡眠」P. 124)。

### 舉例

小英的媽媽一開始沒想到要預留,幫小英訂定早上 5 點第 1 餐、晚上 9 點上床睡覺;結果 3 個月後發現小孩能睡更長時,寶寶已經(註:因為生理時鐘的關係,多數的孩子都會習慣早上在固定的時間起床)習慣早上 5 點起床,只能提早讓寶寶睡覺(下午 5 點或晚上 7 點上床睡覺),結果提早讓寶寶睡卻無法讓爸爸跟小孩玩。

## 夜晚睡 12 小時的延長睡眠

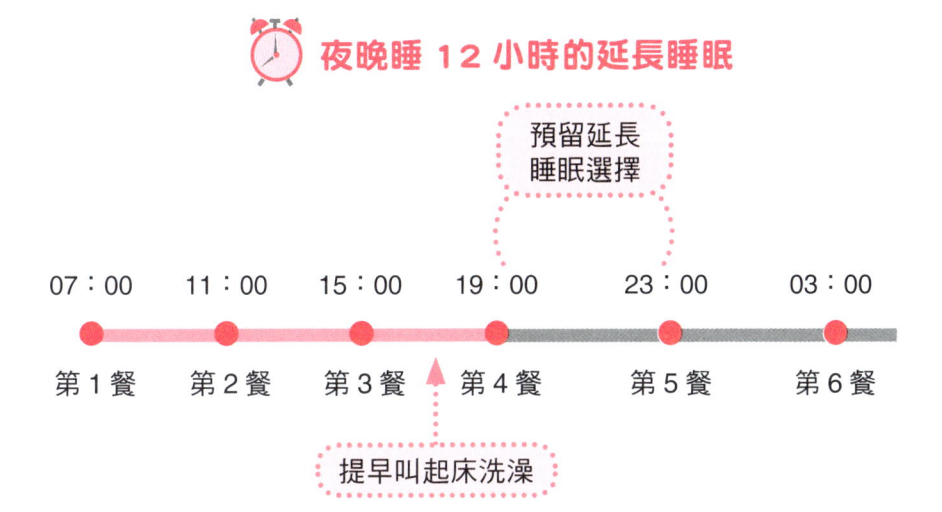

預留延長睡眠選擇

| 07:00 | 11:00 | 15:00 | 19:00 | 23:00 | 03:00 |
|---|---|---|---|---|---|
| 第1餐 | 第2餐 | 第3餐 | 第4餐 | 第5餐 | 第6餐 |

↑ 提早叫起床洗澡

## 夜晚睡 10 小時的延長睡眠

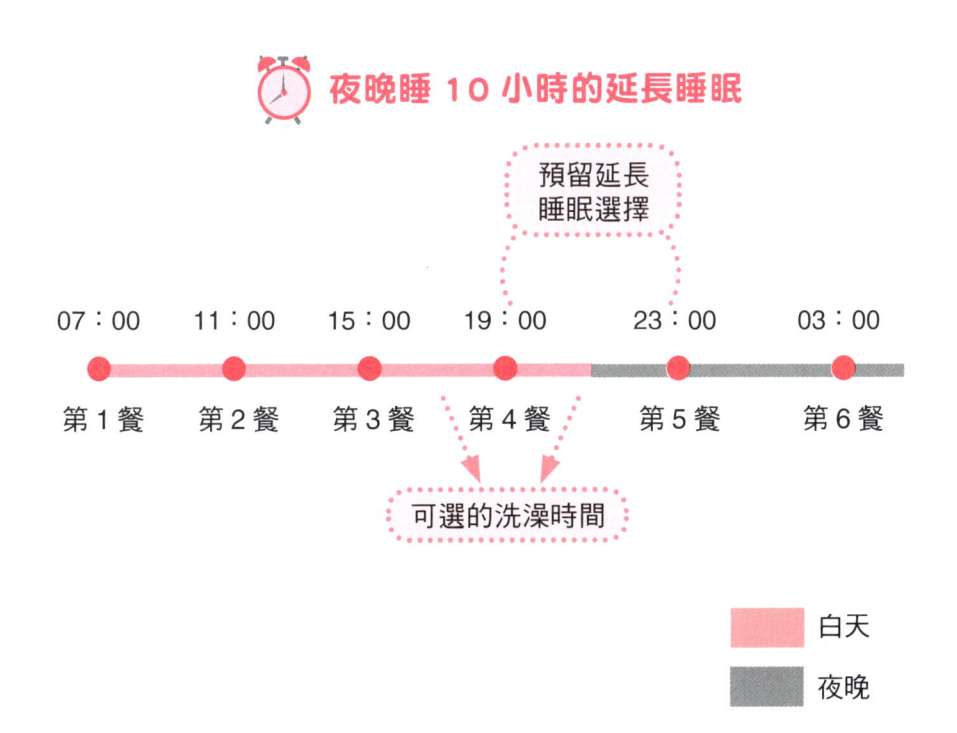

預留延長睡眠選擇

| 07:00 | 11:00 | 15:00 | 19:00 | 23:00 | 03:00 |
|---|---|---|---|---|---|
| 第1餐 | 第2餐 | 第3餐 | 第4餐 | 第5餐 | 第6餐 |

可選的洗澡時間

■ 白天
■ 夜晚

第二章｜新生兒作息大作戰　67

2 如何讓寶寶規律作息？

## 步驟 6 養成記錄寶寶狀況的習慣

記錄寶寶的生活狀況非常重要，經由紀錄，可幫助你更快了解孩子的睡眠時間長度、喝奶的狀況，能夠幫助你釐清問題。

**舉例**

> Angel 媽媽在 Angel 出生後，會畫一個圖表記錄哭的時間、次數，只要哪次小睡有提前起床哭，他就打一個叉並記錄他何時上床睡覺、睡覺長度，很快就會發現其實 Angel 整天總睡眠數是固定的，只要刪減某些睡眠時間就達到睡過夜，且慢慢媽媽也發現所打的叉越來越少，Angel 的睡眠也越來越穩，幫助媽媽建立育兒的信心。

### ❁ 判斷寶寶清醒及睡眠的方式

該怎麼判斷寶寶喝奶玩耍該多久呢？有媽媽問我：我是親餵母奶，每次餵奶都要餵到 40～60 分，且寶寶是邊睡邊喝，這樣也是跟他玩到打三個哈欠就放他上床嗎？

滿月後，寶寶會逐漸拉長清醒的時間。假如用打哈欠和寶寶疲累狀況（揉臉、有點「歡」），對於經驗不足的媽媽容易判斷錯誤，建議可以改用清醒時間的計算方式。

還是要以媽媽觀察寶寶疲累的程度給寶寶睡，有些寶寶通常隨著夜晚逼近，能夠保持清醒的時間也會越短，也有些是早上比較想睡，大原則就是只要寶寶很累了就一定要上床睡覺，否則過累會無法入睡、哭得更長更兇，清醒時間的計算方式只是輔助新手媽媽判斷該何時讓寶寶上床。

清醒的計算需要媽媽平時細心的記錄，請務必要記錄寶寶的生活作息，你就會發現寶寶每天的睡眠和清醒時間其實大致相同。

**舉例 1**

假設在 2 個月的時候，經由紀錄，我了解鈞可以清醒約 80 分鐘，鈞就算邊睡邊喝花了 10 分鐘，那麼我叫醒他後就可以知道大約玩 80 分鐘就放他去睡。此段吃＋玩＝ 90 分鐘。

**舉例 2**

假設鈞喝奶喝一喝不小心睡著了，我放著他睡 10 分鐘（因為叫不起來），10 分鐘後清醒叫起床，根據紀錄還是可以再玩上約 80 分鐘。此段吃＋玩＝ 10 ＋ 10 ＋ 80 分鐘＝ 100 分鐘。

**舉例 3**

假設鈞超有精神，10 分鐘喝奶都沒有睡著，喝完奶後一樣清醒，根據育兒紀錄，表示接下來再跟鈞玩約 70 分鐘就好。此段吃＋玩＝ 10 ＋ 70 ＝ 80 分鐘。

**瓶餵**

像鈞是瓶餵的，喝奶時間只有 10 ～ 20 分鐘，剩下都在陪他玩，我在鈞滿月後會喝奶＋玩從 1 小時 10 分鐘開始嘗試慢慢延長清醒時間，不到 2 個月時就已經可以喝奶＋玩共 1.5 小時，每次會跟他玩到快瞇掉或想睡，再讓鈞上床，如果發現鈞哭太久就表示玩太累，下段讓鈞早點上床，逐漸每段小睡就會平均一樣的長度（媽媽主動調整小睡時間，讓小睡時間每段差不多長度），3 個月後一定跟鈞喝奶＋玩 2 小時，不管累不累都可準時讓寶寶上床睡覺，因為他已經習慣上床就是睡覺，也會清醒的喝完奶。

**親餵**

親餵母乳寶寶往往因為餵奶的時間較久、邊睡邊喝，故喝完奶完全叫醒寶寶後陪他玩有可能撐得比較久，滿月後有可能以吃＋玩 1.5 小時開始起跳，2 個月後有可能提早變成喝奶＋玩 2 小時；但是隨著吸吮力的進步，3 個月一樣是喝奶＋玩共 2 小時。

## ✿ 最後 1 次小睡後叫寶寶起床的方法

最後 1 次小睡該何時叫寶寶起床洗澡喝奶，也能用同樣的方法。假設經由記錄了解寶寶約可以清醒 60 分鐘，而我打算晚上 7 點讓寶寶上床，那我應該在晚上 6 點完全叫醒寶寶起床洗澡和玩。例如：

### 🕒 每次清醒 60 分鐘、19 點入睡範例

|  |  |
|---|---|
| 15：00 | 第 3 餐 |
| 16：00～18：00 | 第 3 段小睡 |
| 18：00 | 起床＋洗澡 |
| 18：30 | 第 4 餐（睡前奶） |
| 19：00 | 上床睡覺 |

（叫醒寶寶：16:00～18:00 區段）

以下是範例，你也能用你的方式記錄，紀錄表會幫助你得知寶寶更多訊息：

### ⏰ 鈞媽的瓶餵育兒紀錄

| 時間 | 作息 | 哭或沒哭 | 狀況 |
|---|---|---|---|
| 7：00 第1餐 | 吃 瓶餵120毫升 | | 喝完奶會哭，好像喝不夠 |
| 7：30 | 玩 | | 2～2.5小時 |
| 8：30～11：00 | 睡 | X | 入睡哭20分鐘 |
| 11：00 第2餐 | 吃 瓶餵120毫升 | | |
| 11：30 | 玩 | | |
| 12：30～15：00 | 睡 | C | 睡到一半哭了10分鐘後又入睡 |
| 15：00 第3餐 | 吃 瓶餵120毫升 | | |
| 15：40 | 玩 | | |
| 16：30～18：40 | 睡 | O | 玩太累，沒哭就睡著，好像可以再多清醒10分鐘 |
| 18：40 | 洗澡 | | |
| 19：00 第4餐 | 吃 瓶餵150毫升 | | |
| 19：30 | 玩 | | 玩不到30分鐘就想睡 |
| 20：00～23：00 | 睡 | X | 可能太累哭了30分鐘 |
| 23：00 第5餐 | 吃 | | 叫清醒10分鐘後才餵奶 |
| 23：30～07：00 | 睡 | | 夜奶為4：00，有比較晚討奶 |

＊__月__　總睡眠數：17小時又40分　入睡哭：X　不哭：O　睡到一半哭：C

第二章｜新生兒作息大作戰

**2 如何讓寶寶規律作息？**

## 3 規律作息應該具備的觀念

當你決定寶寶該何時睡、何時醒，開始執行規律作息時，長輩親友會跟你說：又不是軍人或機器人，定什麼規律作息，就讓他想睡就睡、想喝奶就喝奶。會說這些話，表示他並不懂得嬰兒的安全感建立源自於規律作息。

### 觀念 1 為什麼要訂作息表？

有些媽媽是採取天然的養法，完全交由寶寶的肚子來決定時間、全憑寶寶的哭聲決定要不要餵奶，不能說這樣的做法不好，只是對一個新手媽媽而言，會完全搞不清楚寶寶哭是肚子餓還是人不舒服，且時間完全被小孩綁住，連洗澡吃飯都難兼顧，假如家人、另一半願意幫忙最好不過，但如果偏偏只有媽媽一個人獨力照顧小孩可怎麼辦好呢？疲倦不堪的母親會漸漸在束手無策的狀況採用一切能讓寶寶安靜下來的方法：哄睡、餵奶餵到睡著……這樣的照顧方式會讓一個憂鬱的母親更陷入憂鬱和疲倦。

若是引導孩子有規律的飲食與睡眠，讓寶寶的身體自然養成固定的飢餓循環、固定時間想睡覺，不但母親可以預期孩子的狀況來了解寶寶是肚子餓或是生病，也可以在寶寶睡覺時安心洗澡或休息。在規律生活長大的孩子會充滿安全感且快樂，母親也因為有充分的休息能花更多心思去想如何給孩子更好的教養生活，而有快樂的母親才有身心健康的孩子。

懂得制定作息表的媽媽，不管生幾個都可以得心應手，因為她知道幾點該替哪個孩子餵食，幾點該讓哪個孩子或兩個孩子一起睡覺，不會一直心驚膽跳、一聽到孩子的哭鬧聲就手足無措，因為孩子和你都知道哪個時間點該做什麼事。規律生活的孩子睡眠都比一般孩子多，而且一定可以很早就有 10～12 小時的夜晚穩定睡眠，畢竟夜晚的保持一直睡覺不喝奶是一種習慣，睡得好的孩子相對情緒穩定、身體健康，以及吃得多、食慾好。

## 觀念 2 習慣是可以養成的

例如：你每天都需要早上 7 點上班，每天鬧鐘固定設在 6 點響，某一天你忘記設鬧鐘，但是一樣會在 6 點醒過來，這就是生理時鐘。

也許外人會說：你是不是想控制小孩，只想要自己輕鬆，把自己的快樂建築在小孩身上，小孩真可憐。

0～1 歲的寶寶很重視規律、習慣、固定物，喜歡屬於自己的固定小床、睡覺的地方、固定的生活環境、安撫物、入睡方式等。討厭不規律、隨意改變習慣、任意改變生活環境，這些都容易讓寶寶驚恐哭鬧。

規律感能讓寶寶猶如在母親懷中，像聽心跳聲一樣，規律作息是為了讓寶寶有穩定的睡眠和飲食，所以在吃飽睡好的狀況下，寶寶情緒就會很穩，不太會亂哭、亂鬧。規律作息的孩子在母親一致的態度下（所有你替寶寶養成的習慣不任意替他改變），安全感是非常高的。

在吉娜・福特所著《寶貝你的新生兒暢銷增訂版》中談到：確定寶寶的固定作息；崔西所著的《超級嬰兒通》也談到規律對寶寶的重要性。西爾斯寫的《The Baby Book》（親密育兒百科）也同樣提到：適時對寶寶進行睡眠制約、固定睡眠時間。由此可見規律對嬰幼兒的重要性。

**鈞媽育兒 TIPS**

培養良好家庭習慣對父母、家人、孩子同等重要。我的朋友在鈞10個月時來家裡做客,當時鈞剛好要睡覺,他看著我們唱完睡前兒歌後鈞就乖乖睡著,當時本來還在說我家軍事化管理之類的言論,看到鈞翻一翻身就睡著後,不經感嘆他家寶寶都必須要媽媽一起陪著哄睡,還要搖很久才願意睡。每天晚上像戰爭一樣,而羨慕起我家。

我們同時身為母親、妻子等角色,除了照顧孩子,也應該讓丈夫參與照顧,更重要是讓丈夫感受到妻子並非被孩子搶走,而是與他共享。孩子睡著後,就是我與先生談心、維繫夫妻感情的時間。

## ● 規律作息的常見錯誤

新手媽媽帶一個新生兒,通常都是疲憊不堪,往往會急著想達到目的,忽略嬰兒本身實際狀況。

### ✘ 錯誤一定要讓寶寶晚上睡12小時

晚上的睡眠長度決定於寶寶體力和家庭實際的狀況,故寶寶晚上能睡8～10小時以上就算及格,剩餘的時間可以挪到早上讓寶寶當小睡。

### ✘ 錯誤一定要4小時喝1次奶

最重要的是寶寶白天一定要每餐喝飽,才有助於晚上有長的睡眠,如果寶寶無法撐到4小時才喝奶,就會造成每餐都提早哭餓。應縮短餵奶間距至3～3.5小時1次。

## ✘ 錯誤 一定要喝奶（飲食）──清醒──小睡

作息要配合家裡，你也可以定為喝奶（飲食）──清醒──小睡──清醒，只要每天執行同樣的規律即可。例如：

### 🕐 2 個月長睡眠前的作息範例

|  |  |
| --- | --- |
| 15：00 | 喝奶 |
| 16：30～17：30 | 小睡 |
| 17：30 | 洗澡、玩 |
| 18：00 | 睡前喝奶 |
| 19：00 | 上床睡覺 |

## ✘ 錯誤 怕寶寶不睡覺或無法睡過夜，白天拚死不讓小孩睡

很多新手媽媽都唯恐小孩睡太多，造成寶寶晚上不睡；或聽信老人家說：「黃昏以後就不准睡，晚上會好睡。」完全忽略寶寶在 6 個月前都是睡很多，不管嬰兒一直哭想要睡還是拚命吵醒他、不讓他睡。

請謹記一句話：「白天小睡越好，晚上就越好睡。」過度疲累反而會無法入睡。

**鈞媽育兒 TIPS**

「我在剛開始帶鈞時，曾聽信老人家說：太陽下山後就不要給小孩睡，晚上自然會睡得好。結果從黃昏後就不敢給鈞睡，鈞想睡而嚎啕大哭，且喝完睡前奶後過度疲累無法自行入睡，長睡眠前都要哭很久才有辦法入睡，後來母性的直覺發覺這樣不對而更正才改善。」

第二章｜新生兒作息大作戰

## ✘ 錯誤 掉入規律作息的陷阱

許多新手媽媽在一開始帶新生兒時，白天都可以穩定規律餵奶，寶寶不需安撫就會自行入睡；但是到了夜晚就完全失控，寶寶每個小時頻繁起來哭，每隔 1～2 小時媽媽就要餵奶，如果不餵奶，寶寶就會狂哭到餵奶時間到，完全搞不懂原因。

寶寶是個很奇妙的生物，會自行調整 1 天所需的奶量，白天並沒有喝到滿足身體所需的奶量、熱量，會變成晚上頻繁要奶，慢慢惡化為日夜顛倒。建議縮短白天的餵奶時間，或是增加白天的每餐奶量。

另一個讓母親放棄規律作息的陷阱是：從餓了就喝改成定時喝奶時，寶寶喝奶的量並未改變，他已經被母親養成每次都喝少量的奶，不會一口氣喝到飽（像在吃零食一樣），致使白天沒有喝到足夠的奶量、熱量，夜晚開始頻繁要奶；母親也會覺得比原先狀況更糟而放棄。建議白天縮短為 3 小時喝 1 次，晚上 3～4 小時喝 1 次奶或是維持 4 小時強迫讓寶寶習慣和一定要喝飽每餐奶，用 7 天的時間讓寶寶逐漸習慣定時喝奶。

## 寶寶常見的 3 種哭鬧

### ❀ 黃昏時的哭鬧

非常多的寶寶在第 3 或第 4 段小睡時（接近黃昏，一定在固定的時間發生），會睡不到 30～40 分鐘就起床大哭，或是整段睡眠從入睡開始都在哭，不願意睡覺。好發時間多在黃昏，我稱為：黃昏時的哭鬧。

寶寶會自行調節對於睡眠的需求，一種情形是寶寶在其他時間睡太多時，在最後一次小睡會睡不長，睡 30～40 分就醒來不願意再睡，開始大哭；另一種情形是寶寶整天重複醒和睡，雖然每次都有小睡，但是疲勞一樣在累積，寶寶越累會越睡不好，到了第 3 或 4 次小睡就會累到無法自行入睡，媽媽一放到床上或睡幾分鐘就開始狂哭。

這是正常的現象，不用強迫寶寶一定要在這段時間睡覺，媽媽一聽到寶寶哭就可以立即抱起來哄、安撫或陪他玩到下一次喝奶，如果寶寶累到不小心在你的身上，你也不用擔心是否會養成哄睡的習慣，這是寶寶身體需求，媽媽需要解決寶寶需求，就讓他在你身上睡一下。

### STEP 改善黃昏哭鬧的方法

黃昏時的哭鬧的特徵是：抱起來哄就會停止哭泣。你一定很困擾這種哭聲，該怎麼改善呢？

STEP ❶ 假如寶寶在黃昏時的哭鬧反應是一放床就狂哭（其他時段都很正常入睡），你可以試著增加其他段的小睡時間。

STEP ❷ 假如寶寶發生黃昏時的哭鬧是在第 4 段小睡，可以將第 5 餐一天比一天提早時間餵，等第 4 餐和第 5 餐很接近時，就能省略第 5 餐。

假設採晚上睡 10 小時的作息，寶寶卻老是在第 4 段小睡發生黃昏時的哭鬧，媽媽可以抱起來安撫，並將第 5 餐每天提早 10～15 分鐘餵奶，等第 5 餐和第 4 餐很接近時就能試著省略掉第 5 餐。

### 🕐 晚上睡 10 小時的作息範例

|  |  |
| --- | --- |
| 7：00 | 第 1 餐 |
| 8：30～11：00 | 第 1 段小睡 |
| 11：00 | 第 2 餐 |
| 12：30～15：00 | 第 2 段小睡 |
| 15：00 | 第 3 餐 |
| 16：30～19：00 | 第 3 段小睡 |
| 19：00 | 第 4 餐 |
| 20：30～23：00 | 第 4 段小睡 |
| 23：00 | 第 5 餐 |

會發生黃昏時的哭鬧的寶寶在黃昏時會消耗掉更多體力，自然也比一般寶寶更快睡過夜，夜晚睡更安穩，媽媽也不用太過緊張。

## ❁ 腸絞痛的哭鬧

生理性腸絞痛同樣好發在黃昏或固定的時間，為 0～3 個月寶寶好發現象，寶寶哭時會發出尖銳的聲音，一直大哭，雙手握拳，背弓起來，與黃昏時的哭鬧並不同，就算媽媽抱起來搖、抱、哄都不會停止哭泣。

有的寶寶被直抱就會好一點，有些寶寶無論如何哄、如何抱都會繼續哭，會一直哭到筋疲力盡才會停止。若症狀無法改善，建議就醫確定是否為其他病狀：腸套疊、幽門閉塞等。

雖然西醫會開一些藥讓寶寶舒服一點，只是有吃就不會哭、沒吃又繼續，並不是解決的方法，建議只要耐心的陪著寶寶度過這段時期就好，此症狀並沒有後遺症，反而像自然的現象，平時多幫寶寶按摩、瓶餵注意排氣，陪寶寶度過這段時期即可。

## ❁ 日夜顛倒的哭鬧

日夜顛倒是很多媽媽會遇上的狀況，有可能是白天放著寶寶長睡（4～6 小時），以致嬰兒將夜晚視為活動時間，到了夜晚喝完奶或睡醒後，眼睛睜得老大，開始找大人陪玩，或無聊沒人陪他玩就開始哭鬧。

錯誤的戒夜奶方式也會導致日夜顛倒。有些媽媽急於讓寶寶晚上不喝奶，以為放著哭就好，寶寶聲嘶力竭哭一整夜後，精疲力盡的在白天補眠，大白天喝完奶就叫不醒，漸漸變成白天睡覺、晚上清醒活動。

## 10 個新手父母常見的問題

**Q1** 規律作息會導致孩子未來缺乏抗壓性和彈性嗎？

不會。理由就是孩子不會過著永遠規律的生活，媽媽也是漸漸隨著月齡調整寶寶清醒、飲食時間，有著彈性。孩子是人不是機器，育兒之初之所以要規律，是為了調整孩子的生理時鐘和從混亂中讓媽媽和孩子雙方找到可以安心的規律生活，只要孩子發生異狀，媽媽能輕鬆發現並即時處理。有些媽媽覺得嬰兒要抱在懷裡、背在背上才是給孩子安全感，結果孩子只要短時間離開媽媽就會產生極大的不安感（環境被改變），反而造成抗壓力低；但是規律生活不需要將孩子 24 小時抱在懷裡也可以給他安全感，因為孩子知道媽媽隨時隨地都了解他並解決他的需求，抗壓力也較高。

**Q2** 規律作息 ⇨ 自行入睡 ⇨ 戒夜奶，為什麼是作息最優先？

規律作息是戒夜奶的最佳捷徑，必須先規律作息並讓寶寶有白天活動和夜晚長眠。當寶寶習慣晚上是長長的睡眠後，等身體能負荷長時間的夜晚睡眠自然不再需要起床討奶喝。作息調整得宜，整個育兒過程就會很順遂，新生兒喝完奶玩累後不太哭就會自行入睡，作息調整很好的寶寶也可以很輕鬆就學習到自行入睡。

發生問題時，也同樣要將問題一一檢視，因為寶寶不會說話，更需要媽媽細心觀察，一旦規律作息做得好，自行入睡、睡眠訓練就會較順利且寶寶哭聲會降到最低。

**Q3** 為什麼寶寶要入睡時都會一直摩擦臉、搖頭或摩擦後腦勺？

新生兒入睡時都是先淺眠後進入深眠，想入睡時並不會闔上眼睛，反而是眼神呆滯，開始與床單摩擦（左右一直轉）、趴著搖頭（左右轉）或摩擦後腦勺（仰睡）。建議鋪床的浴巾盡量不要用新的，即使是新的也要多洗幾次，讓浴巾柔軟一點，這樣鼻子比較不會磨破皮。

**Q4** 應該由母親調整作息還是由寶寶調整作息？

很多新手媽媽在生之前會很認真看育兒書，但是生完後常以失敗告終，原因常在於訂定了自認為適合「自己」的作息，強硬要寶寶適應，寶寶卻無法配合，一直大哭。

也有些媽媽非常順從孩子，覺得寶寶白天要睡就讓他睡，結果白天連續讓寶寶睡 6 個小時，晚上跟寶寶玩到天亮，日夜顛倒！晚上 11 點到凌晨 3 點是膽經跟肝經排毒時間，以及生長激素分泌旺盛的時間，必須熟睡，所以如果你跟寶寶長期都處於晚睡或晝夜顛倒，身體就會感到虛弱。在這種情形下順從孩子反而是害到孩子。

寶寶就像一位入住到你家的新成員，試想：你家裡有間房間給朋友住，但是朋友的習慣是每天半夜彈琴，你會選擇請朋友改成白天彈琴，還是晚上任由朋友彈，自己改成白天睡覺？還是各退一步改成一個彼此都能接受的時間點彈琴？

作息應以母親為主、寶寶為輔。母親記錄觀察小孩和家庭生活，訂定一個寶寶能配合的作息，再隨著月齡調整。規律作息不是一味迎合小孩，讓全家人以小孩為中心生活；也不是媽媽強制建立作息，即使小孩哭泣不止也不理會，而是建立全家都能協調的作息。

### Q5 寶寶生病時該維持作息嗎？

不需要！假如寶寶只是輕微感冒，能維持原作息就維持；如果不能就以寶寶的狀況為主，等病癒後再調整回來都沒問題。

### Q6 要定時喝奶，也要定量喝奶嗎？

不用，寶寶跟成人食量一樣也會忽大忽小，餵奶喝到寶寶不願意再喝就停止再餵。

### Q7 把手靠近臉頰放入寶寶嘴唇，他會出現循乳、吸吮動作，這是肚子餓的意思嗎？

不一定！這稱為覓食反射與吸吮反射，是天生的本能，常讓新手媽媽誤以為寶寶不停想喝奶；有些媽媽也經常誤將寶寶淺眠醒來睡不回去、不舒服、尿布濕的哭聲當成肚子餓的哭聲，聽到哭聲就趕快餵奶。讓寶寶的身體自然養成固定的飢餓循環，於是寶寶肚子餓的哭聲都會在你預期的時間點，你也更容易察覺到寶寶異常的狀況，不會手忙腳亂、一整天都在餵奶。

### Q8 該定時餵奶還是餓就餵？我害怕過度餵食，不敢給寶寶喝太多奶！

親餵母乳媽媽最常出現的疑問是：「固定餵奶會不會讓我退奶？」、「寶寶會不會餓？」、「我的奶會不會不夠？」、「他哭是不是又肚子餓？」等等。我接觸的媽媽中，親餵母奶或餵母奶占超過半數。

曾有新手媽媽跟我說，一開始寶寶每 1 小時就哭，哭就給奶，加上寶寶口含姿勢不正確（她自己不知道），乳頭破皮到無法忍受，她下定決心拉長和固定時間親餵母乳，確認有讓寶寶喝飽，也讓自己有足夠的時間休息，慢慢了解寶寶何時是真的肚子餓而非是要安撫。這位媽媽在寶寶 1 歲多時還在親餵母奶。

另有一位媽媽，一開始寶寶始終很難親餵，自己也因為太累，而奶量急遽減少，別人都建議她：小孩餓就隨時餵，整天掛在身上就有奶。這個舉動反而讓她罹患嚴重的憂鬱症，當時我給她的建議就是放輕鬆，先把母奶擠出來瓶餵後再補配方奶餵飽，到了 4 個月時，她又恢復親餵，一直到 1 歲半才斷奶。

從以上兩個例子可以了解，親餵的媽媽要對自己有信心，相信自己餵得飽寶寶，一開始作息設定為 2.5～3 小時一次，慢慢拉長時間。

另一方面，瓶餵媽媽最害怕過度餵食寶寶，只要寶寶溢奶就不再加量，或甚至減量，這是錯誤的想法。必須讓寶寶有確實的喝飽，喝飽才能有穩定的睡眠。

例外的狀況：假設 4 個月內餵的奶量會讓寶寶連續 5～6 小時不再討奶，建議少餵一點讓寶寶可以 4 小時喝 1 次，確保白天有攝取足夠的熱量。

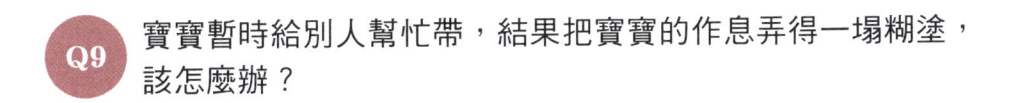

**Q9　寶寶暫時給別人幫忙帶，結果把寶寶的作息弄得一塌糊塗，該怎麼辦？**

習慣需要長久養成，前 3 個月建議保持一樣的環境和作息，假如媽媽臨時需要拜託家人帶，卻弄得亂七八糟，也請不用擔心，隔天再調回來即可。

**Q10** 我的寶寶剛滿月，依本書睡眠時間表，我該讓寶寶醒 1 小時還是 1.5 小時？

剛滿月的嬰兒多數只能醒 1 小時，請你慢慢一點一點拉長清醒時間，比方說這周可以醒 1 小時，下周可以試著醒 1 小時又 10 分鐘，不用強迫寶寶一定要醒到過累，累了就讓寶寶上床睡覺。

# 第三章

## 0～3個月 帶寶寶融入家庭生活

## 1　0〜3個月的寶寶如何好好睡覺？

睡眠時會產生內分泌及荷爾蒙，孩子從小養成自己入睡的好習慣，使整個睡眠完整，對孩子的成長和健康非常重要。

從小有良好睡眠習慣的寶寶，夜晚都能有長達 10〜12 小時的穩定連續的睡眠。

理想的狀況是新生兒甫出生開始就不哄睡，後面自然也不需要訓練自行入睡，入睡哭泣的時間也會很短，媽媽替寶寶養成不需哄就能自己入睡的習慣。

多數的育兒書都會跟你說：「寶寶累了就放在床上睡覺。」新手媽媽通常看到這句話會誤解為：原來這麼簡單就能帶好寶寶，放到床上寶寶就會安安靜靜的睡覺。然而常常想像與事實相反，讓新手媽媽沮喪不已。

究竟該如何教寶寶好好睡覺？以下提供 5 個步驟。

### 讓寶寶好睡的 5 個步驟

**步驟 1　睡眠環境的營造**

- ✓ 建立睡前儀式：每次睡覺（含白天）都建立一個簡單的睡前儀式，或是只有晚上睡前舉行睡前儀式，用意在於告訴寶寶：你該睡覺

囉！等寶寶漸漸長大，你和寶寶會越來越喜歡這段時間，這段時間會是你和寶寶相處上最親密的時刻。

✅ **給寶寶一張嬰兒床**：我不鼓勵「親子共眠」，即使母親小心翼翼，然而和寶寶一起睡大床的人不只母親，還有爸爸或親人，一不小心就會壓到小孩導致窒息。也由於我們夫妻體型較大，會格外注意嬰兒要睡嬰兒床。有些新手媽媽貪圖方便，將小孩放在彈簧床上與大人共眠，大人床上的大棉被、大枕頭，很容易造成嬰兒一個翻身就被悶住或呈趴睡，被過軟的床鋪悶住口鼻，這些無疑是將小孩置於險地。準備一張嬰兒床，上面不要放多餘的厚重布料，將嬰兒床拉靠近母親的床邊就能隨時注意及照顧小孩。你也能考慮床邊床，將小孩放置在大床邊好照顧。

**鈞媽育兒 TIPS**

在我家，睡前會唱 3 次〈一朵小野菊〉兒歌，鈞會親親媽媽、媽媽也會親親鈞。鈞 1 歲後，我加上念一本故事書給鈞。睡前儀式在 1 歲前大致相同（有時候鈞會跳〈一朵小野菊〉的自創舞，一歲後則能視家庭和寶寶的狀況拉長、縮短、微幅變更睡前儀式。

## 步驟 2　讓新生兒習慣睡嬰兒床的訣竅

快睡著時讓孩子的眼睛「看到是睡在床上」。你跟寶寶玩累後，確認寶寶眼睛還有些微睜開，讓新生兒眼睛看到是睡在床上（那怕已經快睡著或有很濃睡意），這就是習慣睡嬰兒床的訣竅。

習慣睡嬰兒床的寶寶睡眠品質會非常高，從放上床就能一覺到天亮，媽媽不用擔心寶寶不睡覺。

## 步驟 3  有限度的哭泣入睡

讓孩子玩累後,放上床睡覺,0～3個月的寶寶沒有辦法靠活動消耗體力,讓他小哭到感覺疲累而自己睡著,過一段時間他會找到自己的手指並吸吮入睡。教寶寶自行入睡,不同狀況的寶寶用不同的方法:

**方法 1  沒有哄睡習慣的寶寶**:前3個月,寶寶入睡時會哭3～20分鐘,20分鐘就是新生兒入睡所需時間,自然也會隨著時間學習到「我累了、閉上眼睛就會睡著」。如果孩子還是無法入睡,就代表有異狀,母親應該檢查嬰兒狀況。如果從寶寶出生開始就不哄睡,寶寶哭的程度就會降到最低,而且往往不到5分鐘就入睡。

入睡哭20分僅限於4個月內的嬰兒,3個月前是寶寶的睡眠障礙期和習慣養成期,3～4個月後的寶寶入睡不會再哭泣,起床時也會給媽媽一個睡飽的微笑。

**方法 2  有哄睡習慣的寶寶**:喝完奶、跟寶寶玩到累後就放到床上睡覺,接著寶寶會哭著要你哄他睡而哭到睡著,記得要記錄哭泣時間長度,確認寶寶是否有漸漸學習和進步。這類型的哭泣會強烈且持續,家人要有容許寶寶哭的共識,給媽媽一星期的時間為自己和寶寶改變入睡習慣。超過一星期如無進步且依舊混亂,請停止並找出錯誤的地方。

**鈞媽育兒 TIPS**

一般媽媽會誤以為哭是一天比一天時間短,事實上剛好相反,寶寶會越哭越久,達到高峰時才會越哭越短。對於嬰兒哭聲,那怕他只有哭15分鐘,你也會覺得好像哭1個小時或好久好久,如果你有仔細記錄,可以發現事實不是這樣。

你一定會問,除了放著哭,還有更好的方法嗎?你可以依寶寶個性擬定不同的做法:

### 📢 依不同個性擬定不同做法

#### 好帶的寶寶

好帶的寶寶個性圓潤,奶量較小,哭聲也小,實行規律作息時能很快就配合上。

入睡時採用緩和方式,寶寶開始哭時,等 20 分鐘再抱起安撫,冷靜後再放入床睡,如果還是繼續哭,下一次則等 30 分鐘、再下一次則等 40 分鐘……慢慢拉長時間。

假如寶寶個性略為堅持,入睡哭 20 分鐘後抱起來確認是否有脹氣、尿布濕等問題,後面就不再抱起安撫。

#### 難帶的寶寶

難帶的寶寶不容易配合作息、哭聲宏亮、個性固執,在帶這樣的寶寶時,媽媽一定要確立心中的目標:讓寶寶學會自行入睡,且堅持到底。

作息定好後,先執行 5～7 天讓寶寶適應作息,一分一秒都不差的遵守作息,放上床睡覺後就堅持時間到才將寶寶抱起餵奶。

假如媽媽覺得哭聲難以忍受,請你待在房間的一角,哭到較小聲時,不將寶寶抱起來,只摸摸寶寶的頭或說說話,5～7 天後要確認是否有進步,再依寶寶狀況修正作息。

*1 0～3 個月的寶寶如何好好睡覺?*

第三章｜0～3 個月:帶寶寶融入家庭生活

### 步驟 4　小哭觀察，大哭才處理

　　有些有經驗的媽媽會告訴你：寶寶肚子餓時大哭，你不需要驚慌失措，就讓他哭一下，冷靜的準備餵奶就好。身為新手媽媽，你聽起來會覺得不可思議，但這是帶寶寶的秘訣：冷靜！寶寶開始睡覺或睡到一半時小哭或發出聲音，不須理會、不要干預寶寶的睡眠。如果寶寶不小心小吐一口奶（口水）在床上，你可以趁熟睡時幫他輕輕移到乾淨的另一邊，等清醒時再換床單或浴巾。

### 步驟 5　在旁邊注意、觀察、判斷

　　剛出生的寶寶視線只有 25～30 公分，第 2 個月約 60 公分，到了 3 個月時的視線約 300 公分，到了 4 個月時視力焦點才能集中；所以媽媽在寶寶要睡覺時，並不需跑到房間外面（除非你有事要做），直接坐在房間的一角、在寶寶的視線外即可，以便隨時照顧寶寶或做判斷。鈞在嬰兒時期睡覺（3 個月前），我都是坐在嬰兒床的死角，開檯燈看書或看電腦。

　　晚上喝完睡前奶入睡後，建議將嬰兒床拉近到母親床的旁邊，讓媽媽可以隨時注意寶寶的狀況。

## 讓寶寶睡好覺的常見錯誤

### ✗ 錯誤　放任孩子哭泣

　　請謹記：沒有一個育兒專家會告訴你可以放任孩子不停哭泣長達 3～5 小時。新手媽媽常犯的錯誤就是放任孩子哭 3～5 小時，或捨不得孩子哭就不停的抱著、哄著。

　　適度的讓孩子哭反而有益處，也是一種運動，不要剝奪寶寶這項權利，同時也可以讓母親去觀察孩子的需求。多數新手媽媽生下孩子後，都是靠著哭聲了解寶寶的需求，「不讓孩子哭不代表母親必須妥協、也

不代表孩子從此會以哭為武器,讓孩子哭也不代表你是個壞媽媽」。面對孩子的哭,不要抱有罪惡感或擔心孩子沒有安全感,正確的態度應該要養成當孩子哭泣時,先冷靜的判斷原因後,再針對問題處理。

## ✘ 錯誤　從此不讓孩子哭

很多媽媽在孩子哭得正激烈的時候抱起來,這時孩子因為活動導致肌肉發抖,結果大人就逕自判斷孩子沒有安全感,從此不讓寶寶哭(網上極多針對孩子哭泣入睡理論的抨擊)。不要把母親當「操」(超)人,要求她 24 小時都要抱著孩子;適度讓寶寶哭泣能幫助母子之間彼此磨合成長及適應,教導孩子融入這個家庭。有個抨擊哭泣入睡的說法是:孤兒院的嬰兒都是哭一哭沒人理而自行入睡,所以眼神呆滯。請記住,我們並沒有拋棄孩子,除了睡覺以外,都在陪他玩樂,為孩子付出極大的愛。母子之間的依附關係是不會變的,教養寶寶態度要一致,才能讓寶寶從中得到安全感。

哭泣後必定比較難以安慰,那時候情緒正在激動,這是正常的現象。

> **鈞媽育兒 TIPS**
> 我也很害怕鈞哭,記得鈞前 3 個月我整天都像念經一樣告訴鈞:媽媽很愛你,可是媽媽討厭你哭,請你不要哭了好嗎?後來根據經驗透過鈞的哭聲,很早便能判斷鈞的狀況,也很早就將鈞導入穩定的作息,3 個月後鈞就不會在入睡時哭泣,4 個月時,早上起來還會笑,鈞帶給我的笑容比哭泣多,鈞鮮少因為想睡而哭鬧。

## ✘ 錯誤　延遲滿足法,不恰當的自行入睡教導

第 1 次哭 5 分鐘才安撫,第 2 次哭 10 分鐘、第 3 次哭 15 分鐘再去安撫(抱起來安撫但不超過 1 分鐘再放下去睡),這中間安撫的時間過短。哭 5 分鐘剛好是寶寶正激動的時候,安撫成為反效果,接下來若你剛好又

在寶寶快睡著時（剛好哭到小聲時）抱起來，寶寶又被弄醒（本來已經快睡著），放下床又會繼續哭，會讓寶寶更加疲累而無法入眠。

### ✗ 錯誤 開始自行入睡的陷阱

多數放棄自行入睡案例，都有大致相同的情形：「我一開始也是訂定作息，喝完奶，跟他玩到累，一放到床上就狂哭兩小時，直到下一餐，每天哭 6～8 小時，也沒有睡過夜，夜奶一樣起來哭，3 天後放棄，讓他想睡就睡、想喝就喝，結果反而開始規律且睡過夜。」

每餐讓寶寶喝飽奶，是好帶的不二秘訣，在寶寶沒有被哄睡的習慣前提下，上面的例子原因在寶寶始終沒有喝飽奶，每餐都在太累喝不下奶、哭的時間過長耗費體力、接著撐不到你訂定的喝奶時間提早肚子餓的惡性循環，最後母親也不想再聽到寶寶哭泣進而放棄。

你所做的事情一定會帶來後果，這時候的寶寶生理時鐘已經習慣作息，故一旦他能喝飽奶，就開始步上規律。如果你發現這樣的情況發生，先檢視是否有確實的餵飽寶寶，如果寶寶是因為哭太累喝不下奶，請你不用急著叫醒他，讓他多睡一陣子後再喝奶，下一餐還是一樣的時間喝奶，並早一點讓寶寶上床睡覺，固定第一餐且不哄睡就好。

### ✗ 錯誤 還沒玩累就丟上床睡

新手媽媽常誤以為：喝奶（飲食）——清醒——睡覺，所謂清醒是醒個 5 分鐘意思意思就好，自然，寶寶一定哭很久很久，他需要哭很久來讓自己消耗體力才能入睡。

### ✗ 錯誤 仰睡無法入睡

仰睡會這樣：你抱著他時，玩到累他會很想睡，但是放在床上卻又突然眼睛睜亮亮，耗很久才入睡。可將房間關暗，窗簾拉起來，把包巾包好，寶寶更容易入睡。

寶寶睡到一半因為驚嚇反射驚醒時，可用奶嘴製造睡意後，趁還沒完全睡著時將奶嘴拔掉讓寶寶繼續睡，切勿讓寶寶吸著奶嘴入睡，假如養成吸奶嘴習慣時，就變成媽媽要半夜幫孩子撿奶嘴直到寶寶會自己拿奶嘴吸為止。

## 10 個寶寶睡眠的常見問題

### Q1 聽說哭泣會讓小孩凸肚臍、疝氣、腸子掉下來？

哭泣不會讓寶寶染上疾病，病症都是寶寶出生時就帶有，甚至可以靠哭泣發現病症，舉例來說：當寶寶哭泣時腹股溝（鼠蹊部）或陰囊部位有隆起腫大，家長便可發現寶寶患有疝氣，而非哭泣會導致疝氣、凸肚臍和腸子掉下來。

哭也不會導致聲帶損壞，鈞到今天還是聲音細緻、肺活量很大。

### Q2 家人不准小孩哭／我不想聽小孩哭？

沒關係，育兒講求快樂和順利，不需要因為哭這件事搞到全家革命，如果你沒有能力改變家人的觀念（允許寶寶哭泣），或是你不想聽寶寶哭，可以尋求其他帶孩子的方式（請見第六章「較大月齡的睡眠訓練」P. 254）。

**Q3** 如果不想「引導」小孩那麼早學習自行入睡，還有哪些事可以先做？

- 執行規律作息。
- 有穩定的睡前儀式、並確定早上起床的時間。
- 4個月開始給予副食品，睡前也確認有吃飽才讓寶寶上床睡覺。
- 幫助他睡過夜（8小時），晚上的睡眠時間有穩定 8～10 小時。

**Q4** 假如不教導孩子自行入睡，那孩子要到多大才會自己睡？

寶寶 6 個月後的自行入睡能力就已經成熟，然而多數的母親這時已經幫寶寶培養其他的入睡習慣，要再重新讓他學習自行入睡自然會有難度，最多只能改善入睡習慣到陪睡。舉例來說：有媽媽一開始是抱著寶寶走來走去入睡，後來寶寶體重增加到抱不動後，多數的媽媽會選擇一起躺在床上睡，輕拍寶寶入睡（雖然他會反抗，但是母親多數會堅持），以此方式更改入睡習慣。

1 歲半後漸漸離開口慾期，他依然堅持要母親的陪睡，等到 3～5 歲或更大後（甚至到小學國中都有可能）才會跟父母分房。

**Q5** 什麼狀況不應該用哭泣教寶寶自行入睡？

如果醫師告知你的寶寶有先天性疾病不能哭泣，你可以採用其他方法教導自行入睡。

### Q6 什麼時候寶寶入睡時才不會再哭？

0～3個月是寶寶的睡眠障礙期，寶寶也會在這3個月內學習從淺眠清醒接著繼續睡。3個月後寶寶就會習慣當媽媽抱上床後直接入睡。

### Q7 哪種姿勢較適合引導寶寶自行入睡？

任何一種睡姿均可學習，仰睡之所以比較困難是因為驚嚇反射、哭泣時眼淚會流進耳朵，除此之外並無任何妨礙之處。不管哪種睡姿的寶寶都一樣可以學習。

### Q8 我的寶寶是高需求寶寶、脾氣倔，自行入睡不適合他？

「高需求寶寶是超級敏感、沒法子放下、不會自我安撫、熱切、整天想吃奶、經常醒來、無法滿足、無法預測、超級好動、累人、不喜歡被抱著、要求多。」（引自《The Baby Book》（親密育兒百科）。）

新手媽媽開始育兒時，常會在手足無措下讓寶寶養成造成大人負擔的習慣，而上述這段話在新生兒身上很常見，有些媽媽看到這段話時，會逕自將孩子當成高需求寶寶，開始獨自忍耐育兒的痛苦，不去尋求解決的辦法。其實真正的高需求寶寶需要專業醫師評估，高需求寶寶的特徵也會延續到幼兒時期，你的寶寶可能並不是高需求寶寶，只是你判斷錯誤了。

我認識一位媽媽，她的寶寶從出生不管仰睡或趴睡都能睡得很久很長，不需要包起來，親餵瓶餵都可以，不會混淆，哭聲也很小聲，好帶到會讓媽媽遺忘他的存在，讓我極其羨慕。

相較之下，我的鈞極難帶，個性固執不屈服，高需求就占了八項，哭聲大到就算門關起來也聽得很清楚；但是我們母子倆互相磨合，後來就了解他的個性，進而找出方法帶他。「沒有無法帶的寶寶，只有不了解寶寶的母親」，你的任何一個動作都在教寶寶、培養著寶寶，請找出適合他的方法。

### Q9 規律作息可以跟自行入睡一起訓練嗎？

可以，只是媽媽必須忍受哭聲，也要有決心把計畫徹底執行，一口氣讓寶寶用最快速度學習到自行入睡、步上規律作息的生活。

### Q10 其他家人不小心哄睡孩子該怎麼辦？不小心把小孩抱到睡著了怎麼辦？

放輕鬆，未來你有無數的日子及機會重複教導孩子這項能力，孩子也會漸漸習慣不被哄睡的睡眠方式，慢慢來就好，不需要在意那一兩次的失誤，你需要的是持之以恆的教孩子自行入睡。

## 自行入睡的理論與觀念

人類在疲累時閉上眼睛，進入睡眠，這樣的行為稱為：睡覺。自行入睡是一種本能，但是在新生兒時期卻需要父母的教導，坊間有非常多的書籍在教導嬰兒睡眠的方式，或許媽媽們會產生以下疑問：我該掌握什麼訣竅才會成功讓孩子學習到自行入睡？該不該讓小孩哭？哭等於自行入睡？

讓寶寶入睡的訣竅：讓孩子學習「累了就會睡著」，讓孩子反覆熟悉這樣的感覺。

是否讓寶寶學習自行入睡，養成好的入睡習慣，往往是出於父母本身的認知與家庭型態。在許多家庭，父母或長輩覺得嬰兒就應該是被哄著（被安撫）入睡、不能讓他哭泣，於是當寶寶要睡時，母親會想很多方法讓孩子睡覺，比方放搖籃、抱搖哄睡、奶睡、全家坐車製造搖晃感讓嬰兒入睡、開除濕機或吹風機讓機器聲使孩子入睡。這樣的方法都無法讓寶寶有好的長時間睡眠，且一定要你這樣做，寶寶才願意睡覺；但是你能讓 10 個月的孩子睡在小小的搖籃內嗎？你有足夠的體力跟孩子每晚都這樣耗嗎？你有能力承受孩子淺眠時醒來都要你這樣再度安撫入睡嗎？不如一開始就教導寶寶因疲倦自然的自行入睡。

# 3

### 🌸 了解睡眠理論

#### ❀ 淺眠與深眠

你是不是覺得小嬰兒和大人一樣，睡著就是睡著？這樣的想法大錯特錯！

大人是先深眠再淺眠，1 次循環為 90～120 分鐘；3 個月前的嬰兒是先淺眠再深眠，1 次循環約 40 分鐘，3 個月後的嬰兒 1 次循環約 50～60 分鐘，慢慢變成先深眠再淺眠，隨著年紀睡眠循環會逐漸接近大人，5 歲後的幼兒則與大人一樣。

睡眠也是一種學習，寶寶會在成長過程中逐漸學習如何入睡和在淺眠時不小心醒來又重新睡回去。

#### ❀ 睡眠連結

寶寶出生時是一張白紙，沒有任何的習慣，假設媽媽每次在睡前就開始抱著寶寶走來走去，寶寶就會開始習慣這樣的入睡模式，每天入睡時，都需要你這樣做才能睡著，半夜當寶寶淺眠不小心醒來，就會要求媽媽再重複一次這樣的動作。某樣動作和睡眠產生連結性，並養成習慣，稱為睡眠連結。假設你已經替孩子養成不當、造成父母負擔的睡眠連結，通常只要打斷連結性，就可以養成孩子睡眠的好習慣。

**舉例**

> 有些月齡較大的孩子被養成含著奶瓶（睡眠連結）才能入睡，否則就睡不著，當媽媽下定決心把奶瓶丟掉（打斷連結性），孩子就會漸漸習慣沒有奶瓶依然能入睡。

## ❀ 睡在同一個地方

假設你有天在房內床上睡著，但是醒來卻發現在公園長椅上，你的心情是否會感到很驚恐？同理，將寶寶抱在懷中睡著後再放入床裡，寶寶淺眠時發現並不是睡在你的懷中，而是陌生的地方，自然會哭著想回到媽媽的身上睡，於是媽媽聽到寶寶的哭聲，只好再抱起來哄睡，不斷的重複，最後只好抱著嬰兒一起睡。如果新手媽媽能對此情形甘之如飴也罷，然而往往只會更加深新手媽媽的產後憂鬱症，讓疲倦的母親更加疲倦。

有人說：孩子不願意睡在床上是因為沒有安全感。正確來說是：寶寶剛離開母體，不習慣新的環境。寶寶在母體內是以面向母親，呈趴著的姿勢（所以寶寶趴睡的時候會比較安穩），所以母親可以用和緩或延遲的方式讓寶寶習慣嬰兒床，而不是習慣會造成母親無法負荷的入睡方式（例如：抱著走來走去），這在於母親的態度是否有想要幫助孩子適應家庭的環境及入睡方式。

## ● 必須具備的 8 個睡眠觀念

### 觀念 1　正確判斷寶寶的哭

1 歲前的嬰兒不會說話，哭是他唯一的語言，身為母親要傾聽寶寶的語言並做出正確的判斷。不准寶寶哭就像制止一個人說話，反而不利於親子間的磨合。母親除了教導寶寶有良好的習慣外，當寶寶有生理上需求（肚子餓、身體不適等）時也要盡力理解、滿足，不需無止盡放任寶寶哭泣，應該聆聽哭泣並採取合理的回應。

你也許會擔心：如果一哭就抱會不會變成寶寶在制約、勒索父母，寶寶動不動就一直亂哭，甚至在 3 個月之前連抱都不敢抱寶寶？請放心，

3 個月前的嬰兒並不會出現這樣的舉動，除了睡覺時間，你其實會隨時隨地都抱著寶寶、陪著他玩。

新手媽媽會問：「我聽不懂寶寶的哭聲怎麼辦？每次聲音聽起來都像肚子餓的哭聲。」哭泣語言的辨別如下：

**辨別 1　肚子餓的哭**：這種哭泣強烈而持久，直到媽媽解決他的需求。

**辨別 2　疲累想睡或淺眠醒來想繼續睡時的哭聲**：哭聲微弱且不持久。0～3 個月的寶寶小睡時會常常淺眠醒來哭 3～5 分鐘後再睡回去，媽媽干預得越少或不干預，寶寶學習睡回去的速度就越快。

**辨別 3　身體不舒服的哭**：哭聲強烈且尖銳、不間斷，停止哭泣時通常已經是累到極限，所以必須觀察 4 個月內的寶寶哭超過 20 分鐘且排除「被哄睡習慣，正在教寶寶自行入睡的時期」，母親就必須抱起來並排除寶寶的痛苦。

**辨別 4　過累無法入睡的哭法 1**：白天時，屏除黃昏時的哭鬧或被哄睡習慣，假設寶寶上床後哭超過 20～60 分鐘都無法入睡，哭聲微弱而且會停下來幾分鐘再繼續哭，會哭到下一次喝奶，此狀況就表示過累無法自行入睡，當你確認寶寶是過累時，就可以用奶嘴或哄睡的方式先讓他在這段小睡睡好，下一餐才能有力氣喝奶。請記得不能常用，避免寶寶習慣哄睡。

**辨別 5　過累無法入睡的哭法 2**：入睡後，屏除黃昏時的哭鬧，睡個十幾分鐘就開始小哭，哭個 2～10 分鐘後睡著，睡個十幾分鐘又起來哭，整段睡眠就一直在重覆哭和醒，有時哭聲較大，有時哭聲小到好像在呻吟。這在喝完睡前奶後，夜晚長睡眠時最常發生，此狀況也表示過累無法順利睡眠，這時不需要插手干預寶寶的睡眠，讓他學習自行入睡。

**辨別 6　寶寶喝奶＋玩耍後哭**：媽媽把寶寶放上床，發現寶寶咿咿啞啞玩一陣後就開始哭，表示他不夠累，你應該延後寶寶上床的時間。

## 觀念 2　為什麼要教孩子自行入睡？

教孩子自行入睡是為了讓他擁有穩定、健全的睡眠。

反對教孩子自行入睡的媽媽通常會駁斥說：幹嘛訓練孩子獨立，若要寶寶獨立就乾脆送他去馬戲團，或叫他自己出去養活自己。會有這種認知的媽媽代表她不懂得睡眠理論，教孩子自行入睡和獨立與否無關。

懂得自行入睡的孩子不會累到亂「歡」、亂哭，因為累了媽媽就會放他上床，他也會因為疲倦而睡著，穩定的睡眠會讓寶寶擁有穩定的情緒，睡好也會吃好。反之，有哄睡習慣的孩子常常處在很累的狀況下，卻因為媽媽尚未開始哄睡導致無法入眠，或哄睡時已經累極而睡不著，這感覺很像當成人依賴安眠藥成癮時，就算很累也睡不著，除非服用安眠藥。教會孩子自行入睡和淺眠清醒時再度入睡，才有可能延長他的睡眠長度與安穩度。

## 觀念 3　安穩的睡眠是可以教導的

許多媽媽跟我說：「我看到你的睡前影片，覺得不可思議，怎麼可能有嬰兒不用哄，唱完睡前儀式的歌，自己翻一翻就睡著。」

你對待寶寶的任何舉動，都是在教導寶寶建立一項新的習慣，舉例來說：新手媽媽往往聽到嬰兒半夜發生唉唉唉聲時，就急著抱起來餵奶，這就是在教導孩子「半夜應該要喝奶」；又舉例來說：從鈞出生開始，我不曾哄過他睡覺，於是在他的認知中，上床就是要自己睡覺。故當你面對嬰兒在睡覺時的哭泣：

STEP ❶ 等待 3 分鐘觀察發生什麼事。

STEP ❷ 從哭聲判斷該放著哭 20 分鐘還是馬上處理。

第三章｜0～3個月：帶寶寶融入家庭生活

白天小睡可以適當引入白噪音：溫柔寧靜的音樂或有循環聲的機器，例如：電風扇；晚上睡眠則保持安靜，不需要任何聲音。

## 觀念 4 什麼是哄睡？

**嚴格定義**

寶寶需透過他人搖、抱、哄、撫摸等外力介入才能入睡。寶寶很容易養成不管是入睡或淺眠清醒時，都要再度由外力介入才能入睡，如無外力則無法入睡進而清醒，很容易造成睡眠時間較同齡孩子少，這樣也會帶給媽媽很大的負擔。

**寬鬆定義**

給予奶嘴和人體奶嘴（媽媽的乳頭）來含著睡著，可視為哄睡。很多媽媽在育兒初期，養成寶寶淺眠清醒或剛要入睡時都需要靠吸奶嘴或人體奶嘴才能睡著，但這會造成媽媽半夜要不停起來撿奶嘴，或者採用人體奶嘴容易干擾媽媽的睡眠及增添負擔。

### 案例

曾經有母親堅持要給寶寶側睡，孩子淺眠時就拿奶嘴給寶寶吸，吸到入睡，慢慢連半夜只要奶嘴掉了就哭，該母親最後聽建議把奶嘴丟了，只要寶寶不大哭就在旁邊看著，也不安撫，小孩就順利找到手吸吮，淺眠與深眠轉換也越來越順。

**鈞媽育兒 TIPS**

家庭成員就是無法接受寶寶哭，我一定要哄睡怎麼辦？身為媳婦／太太是非常辛苦，不是每個家人都能體諒身為母親的辛苦，如果家庭無法放置小孩哭一聲，您可以選擇一個無負擔的哄睡：例如躺著拍背等，並且保持規律作息，讓孩子習慣時間到就會想睡。

## 觀念 5　小孩一定得哭才能學會自行入睡嗎？

0～3 個月時，寶寶身體無法大幅度活動，很難有足夠的疲憊感讓他自然入睡，靠哭泣製造疲累後入睡，不斷重複練習下，寶寶理解只要疲累閉上眼睛就會睡著，從 3～4 個月開始，你將他放上床，他就會自然入睡，這是一個學習過渡階段，假設你等寶寶月齡較大才開始教，因為寶寶本身已經有借助外力才能入睡的習慣（哄睡、奶睡等），要改變習慣就會比較困難。

## 觀念 6　不過度干預寶寶的睡眠

睡眠是最不需要干預的。當寶寶要入睡或淺眠醒來小聲哭泣時，你越不干涉，他學習的速度就越快。鈞快滿 3 個月時，要入睡前會開始搖頭晃腦或摩擦床，婆婆和二嬸以為小孩沒有睡意想抱起來，被我阻止，果然鈞喬到一個舒服的姿勢後便睡著了。很多新手媽媽總是擔心太多，過度揣測寶寶的想法，搞得自己神經兮兮。

❓「鈞媽，我寶寶吐奶，是不是喝太多？」
🅰「小寶寶喝完奶有小溢奶是正常，才代表有喝飽。」

❓「新生兒睡覺一直發出聲音，是不是肚子餓？」
🅰「不是！他只是在淺眠發出聲音，不要動他，讓他睡覺。」

❓「小寶寶睡覺一直扭來扭去，是不是不舒服？」
🅰「不是！他只是淺眠在動來動去，不舒服會大哭。」

❓「寶寶睡到一半低聲在哭,是不是要馬上抱起來哄?」
🅐「新生兒哭是正常的,尤其淺眠時,你要讓他學習睡回去。」

❓「他哭到聲音都沙啞掉,聲帶會不會壞掉?」
🅐「不會!除了有先天性疾病的寶寶不能哭,健康寶寶哭只是練習肺活量。」

在帶寶寶長大的過程中,哭與不哭都不是重點,重點在是否有傾聽寶寶的哭聲。

### 觀念 7　安全感與哭泣

安全感建立的要件包含:生理性和心理性的滿足。在穩定的作息中,寶寶能知道接下來父母為他做什麼事(安排好行程),產生對父母的信任;父母經由規律作息,知道什麼時候該餵奶、陪他玩、讓他睡覺,滿足寶寶生理和心理需求。

呵護備至並不是帶小孩的方式。有些父母只要孩子跌倒,就飛奔而至,斥責其他人;只要孩子哭泣,就急著給他餵奶、擁抱,時時刻刻都不讓孩子獨處。於是孩子有天遇到挫折時,他不知道該怎麼解決;突然獨處時,會以為別人都不要他,產生挫折、自信心缺乏,以及安全感的喪失。

最重要的是要「懂孩子的心」。母親清楚了解到孩子需要的是什麼,引導孩子往正確的行為前進。當孩子遇過很多次挫折後,了解到媽媽的原則;當孩子遇到痛時,了解這是必然的感受;當孩子哭泣時,了解到母親對待他的態度不變,從中學習到情緒管理和發洩的方式。

讓孩子了解四周都是友善的環境,父母不要急於幫助孩子解決問題,而是讓孩子去解決,進而培養獨立感;所以在我帶鈞長大的過程中,當鈞

跌倒時，我會在旁邊等他站起來後再給他一個擁抱。不要吝於稱讚孩子，並要在正確的地方給予稱讚，放手讓他去嘗試；所以鈞很早（6個月左右）就不會再用吸手指來安撫自己，也不會在入睡前哭泣或吸手指，日常生活中，也很少吸手指，除非他極其無聊。安全感的建立對一個1歲半前的孩子十分重要，哭不是喪失安全感的原因。

### 觀念 8　一致的做法與堅持計劃

有些媽媽希望在坐月子時將寶寶的作息和自行入睡教好，以後交給長輩帶時就會順利，結果長輩卻用哄睡方式讓寶寶入睡；也有些媽媽覺得希望寶寶白天自行入睡、晚上哄睡，或白天哄睡、晚上自行入睡。只有少數的寶寶能配合媽媽的期待，多數都做不到。跟教養一樣，需要給寶寶一致的習慣，如果家人真的無法配合媽媽的想法，建議不妨與家人溝通或採取其他方式讓家人一致的對待寶寶。

如果你下定決心要改變寶寶的睡眠習慣，就請必須堅持1～2周，如果1～2周後沒有任何成效，表示有地方做錯，請回頭檢視你的記錄，聽從你的母性更正錯誤，或者上網尋求與你有相同育兒法的媽媽們的協助。

## 6個月前教孩子自行入睡的優點與缺點

### 自行入睡的優點

❶ 孩子沒有任何舊有之習慣及足夠體力，訓練起來的速度通常只需要3～7天。
❷ 尚未形成不適合家裡的規律作息，母親可以引導孩子的作息。

❸ 可以讓孩子睡眠時間和緩的減少，而不是急速的減少。例如：有些育兒書會寫 10～18 個月之間的孩子會自動減為 1 次小睡，身為母親，你希望孩子是 10 個月變成 1 次小睡，還是 18 個月或甚至更晚？沒有及早規律生活的孩子往往會在 10 個月前就變成 1 次小睡或睡 2 次極短的睡眠，新生兒時期就有規律作息的孩子往往到了 1 歲 3 個月才變成 1 次小睡甚至更晚，且小睡時間都很長，像鈞到了快 2 歲還是一天睡 14～15 小時。不過這裡要聲明的是，睡眠往往會被食量、活動、環境影響，不能撇除某些孩子天生睡眠數稀少，我們只是用人為力量讓他的睡眠減少速度減緩。

❹ 母親有足夠的決心訓練孩子。0～3 個月是母親和孩子在磨合、適應彼此，這非常辛苦，母親必須不停餵奶、哄抱著小孩，自己無法休息睡覺，在精神壓力到達極限時，就會尋求最快的方法解決問題（自行入睡），雖然有時會嘗試錯誤（放著寶寶一直哭），但是很快就會將寶寶導上自行入睡／規律作息。有些媽媽則覺得應該晚點或不需要教寶寶自行入睡／規律作息，完全跟著寶寶的節拍走（寶寶想喝奶就喝、想睡覺就睡）。通常媽媽在一開始養育寶寶的態度就會分成兩種，無所謂對錯，只要能用一致的態度對待寶寶就好。

## 自行入睡的缺點

訓練起來格外辛苦。如同前面所說，母親一開始無法掌握孩子心性，一直在錯誤中尋找正確的方式，常常不小心就讓孩子哭好幾個小時，母親因此幾乎快崩潰。建議母親等到孩子滿月～2 個月後再來訓練睡過夜、延長睡眠等，都還來得及，只是大部分的新手媽媽在無人幫忙的狀況下，無法等那麼久。

**鈞媽育兒 TIPS**

我自己則是在鈞 1 個半月開始，雖然做錯過很多事，但是很快 2 個月就上軌道。不管早或晚訓練，還是取決於母親的意志和對孩子的觀察。衷心奉勸：請習慣孩子的哭聲吧！不論是現在或未來，習慣孩子的哭聲才能採取正確的方式。

## ● 哄睡和嬰幼兒睡眠減少的關係

很多媽媽會以為寶寶晚上的睡眠跟大人一樣是 8 小時,其實不然,寶寶晚上需要的睡眠比大人多很多。

比如這個例子:小玉家裡的兩個孩子,老大 2 歲,晚上睡 8 小時、中午睡 1 小時;老二 6 個月,晚上睡 9 小時、中午睡 1 小時。他一直以為這是正常的,也很自豪可以讓兩位小朋友一起睡午覺。他始終不認為寶寶能睡更久。

職業媽媽又更辛苦,我曾認識一位媽媽,我們都稱 M 仔媽,從事國際貿易,因有時差關係(需要與國外聯繫),全家三人都是半夜 3、4 點睡到隔天中午,因為孩子需要哄睡,所以沒有辦法讓孩子比自己早睡。

我有個從小一起長大的朋友,結婚後兩個孩子在前 3 個月都是晚上直抱著睡,3 個月後才能抱著寶寶側睡。我剛生鈞時曾經問這位朋友,她只回答我:忍耐就好。哄睡是需要母親在旁,為了讓寶寶更好哄睡,很多媽媽會選擇讓寶寶睡眠少一點才會更累更好哄,讓小孩配合跟大人一樣的作息(大人晚上約睡 8 小時,孩子是 10～12 小時),整體睡眠時間跟同齡孩子相較之下是偏少的。

大人有很多事情要做,不容易完全配合寶寶的睡眠時間。有些媽媽等寶寶較大、睡眠比較穩之後,會先哄睡小孩再起床做事,不過很有可能自己會先睡著,或是寶寶淺眠一哭就衝回房間。

規律作息且自行入睡的好處在於,完全讓寶寶睡眠完整,時間到就讓寶寶上床,生理時鐘也習慣在時間點上睡覺,時間到再去叫寶寶起床,這之中不管媽媽要做家事或休息都不會影響到寶寶。

# 戒夜奶：讓寶寶睡過夜

一覺到天亮，中間不進食，這是本能，多數的母親什麼都沒做，只讓寶寶白天睡很少，約有 1／3 的孩子 6 周就可以睡 6 個小時，8 周就可以睡 8 小時。而大多數母親只有做到規律作息，孩子在前 3 個月就會自動睡過夜延長睡眠。接下來，「別急著戒夜奶，傾聽寶寶的聲音」，當寶寶有能力睡過夜時就會以他的方式告訴你，假如媽媽完成與寶寶的磨合，了解到寶寶的狀況，當寶寶已經有能力睡過夜卻無法睡過夜時，媽媽就能進一步引導小孩，步上規律作息，晚上有個安穩的長睡眠。

## 戒夜奶的 9 個準備

當 3 個月內的寶寶能連睡 6～8 小時不喝奶，我們就可以視為寶寶睡過夜且不需要喝夜奶（戒夜奶）。

### 準備 1　規律作息和白天做到飲食──清醒──睡覺

規律作息是戒夜奶的最優先步驟，多數寶寶只需要做到規律作息，晚上夜奶時間到就會戒掉。先維持一段時間規律作息、保持穩定，才能開始戒夜奶。

### 準備 2　半夜不要一直換尿布

尿布打開的涼爽感容易叫醒寶寶。我改成在第 5 餐餵奶前先換尿布，不在夜裡換，手伸進尿布確認寶寶有沒有大便，買透氣、吸尿（或大一號）

的尿布。（少數敏感型的寶寶只要尿濕就會哭泣，必須確認寶寶是否是這種類型。）

**鈞媽育兒TIPS**　白天需要一直換尿布，可以購買價格較低的或布尿布，晚上盡可能選購品質好、價格高的品牌。

## 準備 3　保持夜晚都是睡覺的狀態

讓寶寶的生理時鐘習慣夜晚都在睡覺，喝完奶打嗝後就睡覺。

## 準備 4　沒有大哭就不餵奶

新生兒晚上發出的聲音很吵，尤其在夜晚，淺眠時身體也會扭來扭去，或淺眠時醒來小小聲的哭幾分鐘後又睡回去。寶寶月齡越大，往往夜晚哭泣不一定是肚子餓，媽媽也要養成習慣聽到大哭時先判斷原因，而不是聽到哭就立刻塞奶。

## 準備 5　洗澡放在長睡眠之前

寶寶洗完澡、喝完奶通常是最舒服的時候，也能維持較長的睡眠。在台灣，因為怕寶寶冷到而習慣正中午洗澡，現代社會多數住在公寓或大樓，在保暖有做好的情況下會建議媽媽維持睡前洗澡直到 4 個月。（少數寶寶洗完澡會更焦躁無法入眠，媽媽必須確認寶寶是否為此類型。）

## 準備 6　超過 5 公斤

當寶寶超過 5 公斤時，媽媽引導寶寶戒掉夜奶會比較輕鬆，因為寶寶有足夠的體力維持晚上的長睡眠。大約 1 / 3 的寶寶重睡眠，往往不到 5 公斤就已經把夜奶戒掉，媽媽不需要強迫寶寶起床喝奶或害怕低血糖（新生兒低血糖與夜奶無關，出生時醫院就會對高危險嬰兒進行檢測），

只要白天有規律進食就不用擔心。戒掉夜奶後，白天的食量會慢慢增加，睡前奶也會喝得比較多。

### 準備 7　白天小睡每段不超過 3 小時

為了確保寶寶白天有活動、晚上長睡眠，要讓寶寶定時叫起床喝奶，而不是放著睡超過 3 小時，這樣容易讓寶寶睡錯時段。

### 準備 8　睡前多餵 30 毫升的奶

親餵母乳的寶寶會自動增加奶量，無需擔心；瓶餵的寶寶則無法自動增加奶量，需要靠媽媽幫忙。只是有些寶寶無法接受睡前增加奶量，你可以在睡著後兩小時再補餵或是不增加。

### 準備 9　未滿月前晚上的夜奶也要定時餵

未滿月前，為了養成寶寶晚上都在睡覺的習慣，夜奶可以準時餵，喝完奶打完嗝就睡覺。

## ● 戒夜奶的 5 個方法

滿月後，替寶寶訂定規律作息，再依循寶寶的反應替寶寶戒掉夜奶、幫助他睡過整個夜晚（睡過夜）都不需要喝奶。

戒夜奶的方法很多，問任何一個寶寶有睡過夜的媽媽，一定能分享很多心得，重點反而在你有沒有注意到寶寶發出的信息，接著大膽的把夜奶省略掉。下面是用實際的作息來教新手媽媽怎麼幫助寶寶睡過夜。

## 作息範例 1

| | | |
|---|---|---|
| 7：00 | 第 1 餐 | 喝奶＋清醒 |
| 8：30～11：00 | 第 1 段小睡 | |
| 11：00 | 第 2 餐 | 喝奶＋清醒 |
| 12：30～15：00 | 第 2 段小睡 | |
| 15：00 | 第 3 餐 | 喝奶＋清醒 |
| 16：30～19：00 | 第 3 段小睡 | |
| 19：00 | 第 4 餐（睡前奶） | 洗澡、喝奶＋清醒 |
| 20：30～23：00 | 第 4 段小睡 | |
| 23：00 | 第 5 餐 | 先叫醒寶寶 10～20 分鐘後，開始餵奶，餵完奶不跟寶寶玩，直抱休息一下就讓寶寶睡覺，等寶寶戒掉半夜三點夜奶後，這餐就改為開小燈，輕輕抱起來餵奶，不事先叫醒，餵完奶、打完嗝後就放上床睡覺。 |
| 3：00 | 第 6 餐 | 夜奶 |

\* 滿月後，寶寶能每 4 小時喝一次奶，每次清醒約 1～1.5 小時，晚上睡 10～11 小時。

\* 適合對象：所有的寶寶。

**3 戒夜奶：讓寶寶睡過夜**

該怎麼讓寶寶半夜 3 點不喝奶呢？以下是媽媽可以選擇的辦法：

## 方法 1　定時餵奶

　　第 6 餐夜奶餵完奶、打完嗝直接放上床睡覺、不跟寶寶玩耍，等第 6 餐確認都是你抱起來餵奶（不會在這個時間哭討奶），且餵完或餵奶餵到一半就睡著，開始試著一天比一天越餵越少奶量，少於 30 ～ 60 毫升時即可大膽不餵，親餵母奶的媽媽則是每天縮減餵奶的時間。

## 方法 2　延遲回應

　　當你半夜忘記設鬧鐘，發現寶寶睡超過餵食周期（第 5 餐或第 6 餐其中一餐），你就能採用延遲回應的方式，到了半夜 3 點時，第 1 天哭 10 分鐘後再餵奶、第 2 天 20 分鐘……以此類推。等很接近下一個餵奶時間就可以直接堅持讓寶寶哭到下個餵奶時間，但是如果超過 7 天毫無任何成效時，建議你必須審視自己有哪裡需要修正或表示寶寶還沒有準備好，回到定時餵夜奶。

## 方法 3　夜晚哭了再餵

　　以上頁的作息表為例，寶寶滿月後，餵完第 5 餐，就等寶寶小哭再餵，不需要在半夜 3 點餵夜奶（寶寶有可能在 3 ～ 7 點任何一個時間點餓了醒來哭討奶喝）。

　　無論半夜幾點餵夜奶，都要固定早上 7 點叫起床喝第一餐奶。當寶寶夜奶的時間過於接近第 1 餐，或喝完夜奶第 1 餐幾乎不太喝時，表示他準備好晚上睡過夜，請大膽讓寶寶撐到第 1 餐，晚上哭也不用再餵奶，過幾天就睡過夜了。

## 作息範例 2 （搭配 p.114 圖1、圖2）

| |  | | |
|---|---|---|---|
| ① | 7：00 | 第1餐 | 喝奶+清醒 |
| | 8：30～11：00 | 第1段小睡 | |
| ② | 11：00 | 第2餐 | 喝奶+清醒 |
| | 12：30～15：00 | 第2段小睡 | |
| ③ | 15：00 | 第3餐 | 喝奶+清醒 |
| | 16：30～18：30 圖1<br>或 18：00 圖2 | 第3段小睡，壓縮此段小睡時間 | |
| | 18：30 圖1<br>或 18：00 圖2 | 提早叫起床洗澡 | |
| ④ | 19：00 圖1<br>或 18：30 圖2 | 第4餐 睡前奶 | 喝奶+清醒 |
| | 19：30 圖1<br>或 19：00 圖2 | 上床睡覺 | |
| ⑤ | 23：00 | 第5餐 | |
| ⑥ | 3：00 | 第6餐 夜奶 | |

＊滿月後，寶寶能每 4 小時喝 1 次奶，每次清醒約 1～1.5 小時，晚上睡 11～12 小時。
＊適合對象：喝配方奶或奶量大的寶寶。

　　上表的作息能讓寶寶很早就習慣夜晚睡 11～12 小時，戒夜奶、幫助寶寶睡過夜的方法除了「**方法 1**」到「**方法 3**」，你還能搭配「**方法 4**」其中一個方法使用：

## 方法 4　壓縮第 3 段小睡

　　適度壓縮第 3 段小睡，讓第 3 段小睡比其他段小睡短，這樣的安排可讓寶寶在長睡眠前洗澡、活動，會因為疲勞加速睡過夜的速度。至於第 3 段小睡該提早多少時間叫寶寶起床洗澡？依寶寶清醒後能維持多久的清醒時間而定，你必須確認寶寶能有精神喝完第 4 餐的奶。

### 壓縮時間段的 2 個選擇

■ 清醒
■ 睡覺

**圖 1**　18：30 叫醒、19：30 睡覺

比方寶寶只能清醒 60 分，就請你約 18：30 叫醒寶寶洗澡後，約 19：00 喝奶、19：30 上床睡覺。

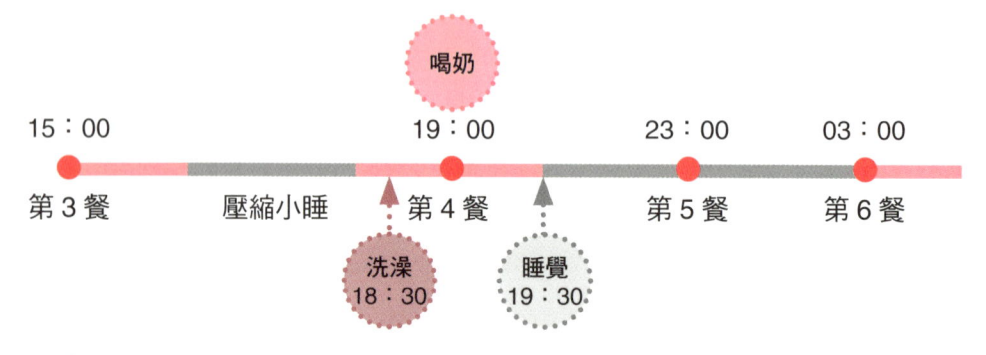

| 15：00 | | 19：00 | | 23：00 | | 03：00 |
|---|---|---|---|---|---|---|
| 第 3 餐 | 壓縮小睡 | 第 4 餐（喝奶） | | 第 5 餐 | | 第 6 餐 |

洗澡 18：30　　睡覺 19：30

**圖 2**　18：00 叫醒、19：00 睡覺

剛開始帶鈞時，我希望讓鈞晚上睡滿 12 小時，所以採另一種壓縮第 3 段小睡的方法，提早到 18：00～18：30 餵奶，約 19：00 睡覺。

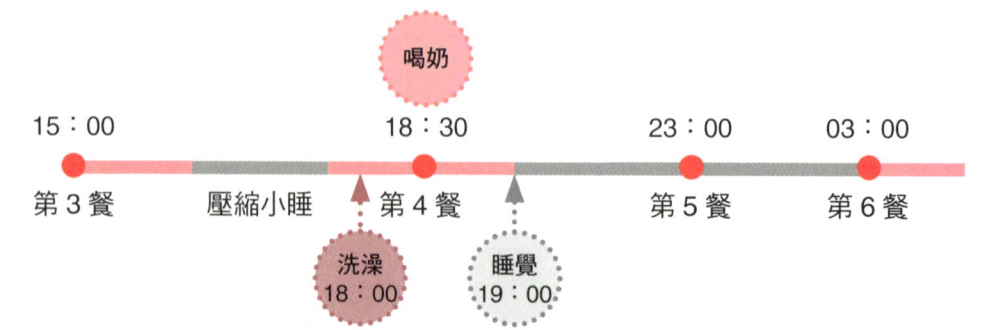

| 15：00 | | 18：30 | | 23：00 | | 03：00 |
|---|---|---|---|---|---|---|
| 第 3 餐 | 壓縮小睡 | 第 4 餐（喝奶） | | 第 5 餐 | | 第 6 餐 |

洗澡 18：00　　睡覺 19：00

對於寶寶而言，19：00～19：30以後都是睡覺時間，你可以依寶寶反應選擇戒掉第5餐或第6餐：

**做法 1　假如寶寶第5餐能被你叫起床，清醒喝奶**

- ✅ 務必讓他先清醒10～20分鐘再喝奶，並清醒的喝完、打完嗝放上床睡覺，選擇搭配「**方法 1**」至「**方法 3**」其中一個幫寶寶把第6餐戒掉。

- ✅ 假如寶寶提早於第1餐時間起來哭，你可以陪伴安撫直到喝奶時間到。

**做法 2　假如寶寶第5餐後會睡得比較沉，叫不醒，或是剛叫醒又睡著**

- ✅ 你不需要等寶寶在第5餐哭要奶。餵奶時間到，試著一點一點減少瓶餵的奶量或縮短親餵母乳的時間，餵到寶寶睡著就不再餵，等奶量少於60毫升或叫不起床時，就一口氣少掉該餐，第6餐輕輕抱起餵奶，餵完奶、打完嗝後直接睡覺。

## 案例分享

▶▶ 另一個刪第5餐的方法

**Q** 我本來採壓縮第3段小睡時間，餵第5餐（23：00），想幫7周的女兒戒掉夜奶（第6餐3：00），但發現第5餐叫醒她之後，都是一邊哭鬧一邊喝奶，而且喝一半就不願意再喝，放上床還是一直哭鬧，怎麼辦？

**A** 寶寶因為疲憊，表現出不想要喝第5餐，建議睡前奶（第4餐）喝完且上床睡覺後，就等寶寶哭了再餵奶，第6餐準時抱起來餵奶，慢慢寶寶就會越來越接近3點才會哭著討奶喝，用方法3先戒掉第5餐，而不是先戒掉第6餐。

## 方法 5　拉長夜晚餵奶時間

**做法 1　白天 3 小時、夜晚 4 小時喝 1 次奶**：假設原本無論白天晚上均 3 小時餵 1 次，等寶寶滿月後夜晚改成 4 小時餵 1 次（白天不變），2 個月後改成白天 4 小時餵 1 次，晚上慢慢拉長餵奶的時間，第 7 餐搭配前面「**方法 1**」～「**方法 3**」的其中一個方法戒掉夜奶。

**做法 2　白天 3 小時、夜晚 6 小時喝一次奶**：晚上發現可以 6 小時喝 1 次奶，19：00、01：00、07：00（第 1 餐），改成這 3 個時間餵奶，不等小孩哭就餵，接著維持到 3 個月就能用戒掉 01：00 該餐來延長睡眠，睡完整的 12 小時。

## 寶寶發出睡過夜的訊息──可以戒夜奶了

你一定會問：我怎麼知道寶寶可以戒夜奶？其實當寶寶有體力睡過夜時，他就會發訊息提醒媽媽。

### 訊息 1　寶寶曾經睡過夜

只要寶寶有一天睡過夜，就表示寶寶開始睡過夜，但是後續卻又開始半夜哭要夜奶，即表示你需要調整奶量、清醒的時間量、調整作息等，但是也不需要太緊張，寶寶一開始睡過夜時，都會有幾天睡過夜，有幾天又討夜奶，不是很穩定，寶寶討夜奶時就給他喝，睡過夜時就不餵奶，媽媽這樣做就可以。

### 訊息 2　第 1 餐開始喝不到原有的量

當寶寶第 1 餐喝不到原先喝奶的量，因為喝太少，結果第 1 段小睡會提早起床哭要奶。

**案例分享**

▶▶ 小益媽媽安排的作息是：

9：00、13：00、17：00、21：00、01：00、05：00

**Q** 第 1 段 10：30～13：00 小睡都會在 11：30 哭醒，提早讓寶寶睡也沒改善，但因 01：00 第 5 餐餵完後，第 6 餐（預定 05：00）都會睡超過，然後早上第 1 餐越喝越少，有時甚至只喝 60 毫升就不想喝了，再餵就唉唉叫，會不會是這因素造成第 1 段小睡提早醒來？我該如何做呢？

**A** 先把 05：00 這餐夜奶戒掉，慢慢減少親餵母乳的時間或瓶餵奶量，只要寶寶睡著就不要再餵，慢慢第 1 餐的奶量就會開始增加。等親餵母乳時間越來越少或瓶餵奶量少於 60 毫升，就能試著放膽不要再餵這一餐。

## 訊息 3　夜奶量減少、可連續睡 6 小時以上

晚上喝一點夜奶就不喝、叫不起床喝奶、喝一些奶就睡著、無法清醒喝奶、連續 6～8 小時不會哭且起床討奶。只要你發現寶寶出現上述現象，就能開始著手幫寶寶戒夜奶。

此外，假如家中是媽媽對寶寶發生的聲響很敏感，爸爸不會，你可以改由寶寶跟爸爸睡同間房，由爸爸餵夜奶，爸爸聽到大哭時再餵奶，媽媽也能好好睡覺。我有個朋友生老二時，滿月後媽媽跟老大睡，老二跟爸爸睡，結果老二小哭時，爸爸通常都聽不到，大哭才餵奶，不到 8 周夜奶就戒掉了。

### ● 錯誤的戒夜奶方式

**✗ 錯誤** 放寶寶哭整夜，認為只要堅持半夜讓寶寶喝不到奶，就能戒夜奶

　　3個月內的寶寶，決定睡過夜的條件是足夠的體力、食量、習慣晚上睡覺，有這些條件才能睡過夜，缺一不可。多數的媽媽急欲想戒掉寶寶夜奶，採用最激烈的方式讓寶寶哭整夜，結果常會因為無法忍受寶寶哭聲或長輩壓力而放棄。哭整晚也會導致寶寶過累，早上補眠，最後日夜顛倒。

**✗ 錯誤** 將睡前奶泡濃

　　新生兒的腸胃很脆弱，切勿把奶泡濃。

**✗ 錯誤** 夜奶餵水

　　有些人會告訴你，晚上餵水就能戒夜奶。這觀念是錯的！新生兒分不清楚水和奶的差別，喝完水很快肚子餓又哭著要奶，最後會整晚都在灌水，寶寶卻依然不斷要夜奶。

### ● 睡眠對寶寶的重要性

　　6個月內，睡眠是寶寶腦部發展的關鍵期，寶寶睡飽才會情緒穩定，進而食慾大開。當過媽媽的人都了解，寶寶如果睡不飽就會情緒不穩，想睡時也會很難餵奶或副食品。當寶寶能睡過夜，不只**寶寶睡飽，媽媽白天也會更有精神照顧寶寶**，戒夜奶是一種雙贏。

　　當寶寶有能力睡過夜，媽媽卻沒有引導他把夜奶戒掉，**寶寶很快就會把夜奶當成習慣**（進入口慾期，會靠半夜吸吮才能從淺眠清醒再度入睡，不是真正的肚子餓）。有些媽媽會覺得夜奶習慣能建立親密關係，若這樣，也無不可。

## 3 戒夜奶：讓寶寶睡過夜

育兒需要全面觀照，母親要深謀遠慮，育兒問題不會永遠都在「自行入睡和規律作息」上，每個時期都有不同問題要解決，各個時期的問題不能堆積。夜奶還沒戒掉時，接著孩子就厭奶；厭奶無法解決後，孩子又會開始翻身不睡；翻身後又開始厭食導致體重過低、厭食後開始分離焦慮症黏在媽媽身上讓你喘不過氣、分離焦慮後又開始亂扔東西要媽媽撿。於是，母親會感覺這個孩子是個麻煩，母親永遠都覺得喘不過氣。更有甚者，至1歲後才開始研究如何戒夜奶，而那個時期該要面對的是「教養」，而非戒夜奶了。

**鈞媽育兒 TIPS**

對於淺眠的母親，半夜頻頻餵奶跟折磨無異。鈞7周前，我沒有1天睡超過3小時，鈞戒掉夜奶後，我的生理時鐘大亂，夜晚無法入睡（很多媽媽都會產生這樣的生理現象），3個月後鈞連續睡12小時，我卻開始失眠，前6個月，我就算站立都會覺得地面在搖晃，缺乏休息的狀況下奶量急速下降。

育兒是一個快樂的過程，然而很多媽媽在回憶自己的育兒過程卻往往只剩下辛苦，你一定常聽到：我整整兩年沒有一天睡好覺。讓寶寶睡過夜是一種雙贏，贏得寶寶睡眠品質，以及你白天能夠有精神構思如何教養寶寶。

## 13 個戒夜奶的常見問題

**Q1** 滿月後，寶寶晚上大哭我才餵奶，但哭都不定時，甚至起來討奶的時間越來越接近第 1 餐，為什麼？

表示你的寶寶晚上哭的原因並非都是因為肚子餓，如果你決定用這方法戒夜奶，卻發現寶寶哭不定時，像是有時候半夜 4 點，有時候又半夜 2 點，有時又是半夜 3 點，並沒有按照預期，請退回定時餵奶，或是等候 20 分鐘確認寶寶無法睡回去後，先抱起來拍嗝、檢查尿布再放回去睡。

**Q2** 夜奶很接近第 1 餐，怎麼辦？

假如在 1 小時以內，媽媽只要單純安撫不餵奶，等第 1 餐再餵。

**Q3** 我的寶寶戒掉夜奶了，可是為什麼睡前奶都要吸很久？

寶寶是聰明的，他知道晚上要開始睡覺了，會自動增加奶量，或是吸母乳較久。有個狀況需要注意，假如寶寶喝一點就睡著需要你叫醒他，睡前奶花很長時間才餵完，表示寶寶太累，建議增加此段小睡時間或提前餵奶。

**Q4** 讓寶寶晚上餓肚子，會太殘忍嗎？

多數人對於戒夜奶的認知都停留在「讓他餓個幾天，夜晚就不會再討奶」，所以你會覺得很殘忍，這樣的想法是錯誤的。戒夜奶＝睡過夜，目的在於用和緩方法幫寶寶養成晚上的連續睡眠，等他體力能睡過夜時，「自然」不再需要晚上喝奶，就像大人也不會睡一睡半夜起床要吃飯。

較早習慣睡過夜的寶寶，會將生長衝刺期所需的熱量轉為早上的食量，如果生病或長牙，媽媽可以採取其他方式安撫且察覺異常。

瓶餵寶寶夜奶是很危險的行為，睡著的寶寶打嗝時很難拍、也更容易反射性大吐奶。

**Q5** 我所有戒夜奶方法都用上，睡前也多給寶寶喝 30 毫升，為什麼他還是定時起來要奶？

表示寶寶的體力無法睡過夜，寶寶能睡過夜就會發出訊息給你，建議你可以緩一段時間再戒夜奶。

**Q6** 我怕寶寶體重過輕，戒夜奶對嗎？

睡過夜是對的，寶寶自己也會逐漸把飲食習慣集中在白天，體重過輕必須由醫師判斷。我接觸過的案例中並無因為戒夜奶而造成體重過輕，且寶寶都會在吃副食品時將體重衝上來。

**Q7** 親餵母乳戒夜奶很難嗎？

親餵母乳與睡過夜並沒有直接的關係，母親親餵母乳寶寶還是可以睡過夜。媽媽必須讓寶寶了解，媽媽乳頭是「喝奶用」，不是安撫奶嘴，遵循著飲食（喝奶）——清醒——睡覺，就不容易讓寶寶混淆。

親餵母乳無法睡過夜最重要的因素是，寶寶習慣晚上淺眠清醒時以乳頭安撫自己再度入睡，或是厭奶卻沒有及時給予副食品而導致夜奶。

**Q8** 我的寶寶戒掉夜奶了,(瓶餵)要增加奶量到白天嗎?

假如寶寶能接受你增加白天奶量即可,如沒有增加,也不用擔心,寶寶會隨著時間慢慢增加白天奶量。

**Q9** 半夜我的奶很脹,怎麼辦?

當寶寶睡過夜時,你可以選擇以下兩個方式:

• **以妞媽為例**:奶很多,戒第 5 餐時,睡前會全擠出來。半夜如果很不舒服,會擠一點出來,側睡用毛巾墊著,慢慢就供需平衡(這位媽媽親餵到 1 歲半)。

• **以樂媽為例**:戒第 5 餐時,還是會定時在第 5 餐擠奶庫存,真的很不舒服會擠一點出來,慢慢第 5 餐就越擠越少,約 1 個月後就會供需平衡不需要再擠(這位媽媽親餵到 1 歲)。

**Q10** 什麼情形需要晚上放任寶寶哭泣來戒夜奶?

不管寶寶月齡多大,很多新手媽媽會認為睡不過夜是因為寶寶半夜肚子餓。事實上要分兩部分來說,前 4 個月寶寶的確會因為體力、食量等因素而無法睡過夜;4 個月後,如不戒掉夜奶,寶寶會逐漸將夜奶行為轉化為淺眠清醒靠吸吮再度入睡或習慣性。比方說:親餵寶寶將乳頭當成奶嘴,淺眠就會醒來吸奶,1 個晚上 3～4 次,到生長衝刺期、生病、長牙、為尋求安撫,夜奶會達無數次。

不過用哭整晚來戒掉夜奶,是最後的手段,必須要搭配調整作息、吃副食品等,才能成功睡過夜。

**Q11** 為什麼寶寶夜晚會咿啞或ㄞㄞ的發出聲音，是不是肚子餓了？

新生兒在淺眠時會發出各種聲音和動作，不需要干預，讓寶寶好好睡覺。值得注意的是，假如餵夜奶沒有打嗝徹底，空氣在寶寶肚中也會導致睡不安穩並發出咿咿啞啞的聲音。

**Q12** 大家的寶寶睡過夜就是每天都會安安靜靜睡到早上嗎？

剛開始睡過夜時，媽媽都會問這個問題。事實上，所有的寶寶一開始都會比較不穩，可能會睡過夜幾天，又突然某天沒睡過夜，慢慢就會天天睡過夜了。

**Q13** 寶寶都準時 4 點醒來哭要奶，是不是生理時鐘卡住了？

如果寶寶還在 4 個月內，請勿採用讓寶寶大哭一整夜的方式，寶寶只是因為體力和食量無法支持他一整夜的睡眠，建議你緩兩個禮拜後再評估是否要讓寶寶睡過夜。

# 4 延長夜間睡眠

多數的媽媽只要成功戒掉夜奶，就會急急忙忙尋求延長睡眠的方法。我都會老實的跟新手媽媽說：別急！你的寶寶還沒準備好。

不過，在 3 個月前，你還是可以替寶寶規劃如何延長睡眠，決定後就能大膽施行，反正哭醒就代表寶寶還沒準備好。睡眠是一種習慣，你正在幫助寶寶習慣這種長時間的睡眠模式。多數的寶寶準備好就會告訴媽媽：我可以延長睡眠了！

### ❀ 錯誤的想法

我一定要讓寶寶晚上睡 12 小時。每個寶寶實際能延長多久的睡眠，要看他需要多少的睡眠量、體力、家庭狀況，你要觀察你的寶寶再來決定。只要寶寶能睡 10～12 小時即可。

### ❀ 延長睡眠的定義

在睡過夜睡滿 8 小時後，夜間再延伸睡 2～4 小時，連續 10～12 小時夜間睡眠，中間不須起床喝奶。

## 延長睡眠的 2 個準備

### 準備 1

在戒完夜奶後，一定還會有一餐是在晚上餵（多數是在第 5 餐），該餐請不要叫醒寶寶，可以開小燈將寶寶直接抱起來餵奶，餵完打完嗝後就將寶寶放回床上睡。

### 準備 2

媽媽一定要大膽放手做，不要害怕寶寶會肚子餓，孩子不會餓到自己，餓一定會哭著要奶，如果失敗了再回到餵第 5 餐就好。

**CHECK! 睡前奶是哪一頓奶？**

指的是第 4 餐之前洗澡完後的那一餐，也是延長睡眠後的最後 1 餐。

**鈞媽育兒 TIPS**

延長睡眠需要媽媽放手去試，有很多媽媽害怕（作息已經固定，怕改變），致使到 8、9 個月後依然在餵第 5 餐，這樣小孩就會習慣該時間點起床喝奶。

## 寶寶發出延長睡眠的訊息

1. 第 5 餐不管怎麼叫都叫不醒，完全不願意起床喝奶。
2. 就算抱起來喝奶，沒幾口就睡著，或只喝一點放上床立刻就睡著。
3. 4 個月後開始吃副食品，且吃得很好。

# 3

● 延長睡眠的 7 個方法

### 方法 1 往**前**延長睡眠

（適合對象） 母奶寶寶、奶量小的寶寶、月齡超過 4 個月、食量大或配方奶的寶寶、雙薪家庭。

### ⏰ 往**前**延長睡眠作息範例

|  | | |
|---|---|---|
| 7：00 | 第 1 餐 | 喝奶＋清醒 |
| 8：30～11：00 | 第 1 段小睡 | |
| 11：00 | 第 2 餐 | 喝奶＋清醒 |
| 12：30～15：00 | 第 2 段小睡 | |
| 15：00 | 第 3 餐 | 喝奶＋清醒 |
| 16：30～19：00 | 第 3 段小睡 | |
| 19：00 | 第 4 餐　睡前奶 | 洗澡、喝奶＋清醒 |
| 20：30～23：00 | 第 4 段小睡 | |
| 23：00 | 第 5 餐 | |

**重點** 睡前奶是第 4 餐之前洗澡完後的那 1 餐，也是延長睡眠後的最後 1 餐。

　　這時寶寶已經能從 23：00 睡到早上 7：00，你希望寶寶能不喝晚上 23：00 第 5 餐奶，直接從 20：30 睡到隔天早上 7：00，這就是往前延長睡眠。

126

在戒完夜奶後的作息是：19：00 喝完睡前奶休息一下後，20：30 上床睡覺，23：00 輕輕抱起來餵奶、打嗝完後就放回床上睡。3 個月前後，等到 23：00 怎麼叫都叫不醒或不開口喝奶，就不需要再叫起床喝奶，這樣就順利的連睡 10 小時。

如果想讓寶寶連睡 11～12 小時，只要在戒夜奶和延長睡眠成功後再將作息調整成：

### 戒夜奶和延長睡眠成功後的作息範例

| 16：30～18：00 | 第 3 段小睡 |
| --- | --- |
| 18：00 | 洗澡 |
| 18：30 | 第 4 餐　睡前奶　　　喝奶＋清醒 |
| 19：30 | 上床睡覺 |

如果寶寶奶量不夠大或體重比較輕，無法一口氣睡 12 小時，往前延長睡眠比較能夠調整成睡 10 小時，等到吃副食品或較大月齡時，有體力睡更久，再慢慢提前寶寶晚上上床睡覺的時間，延長成晚上睡 11～12 小時。

職業媽媽也適合這樣做，就穩定維持每天晚上睡 10 小時（21：00～7：00），回到家有時間跟寶寶親密互動，不需要急急忙忙送上床睡覺（晚上 7 點恐怕很多職業婦女都才剛到家）。

**注意**　往前延長睡眠也比較適合月齡超過 4 個月，因為寶寶逐漸會習慣早上起床時間，想讓寶寶更晚起床會有難度。如果要讓寶寶晚上睡更久更長，只能採用此方法，讓他提早上床睡覺。

## 往前延長睡眠

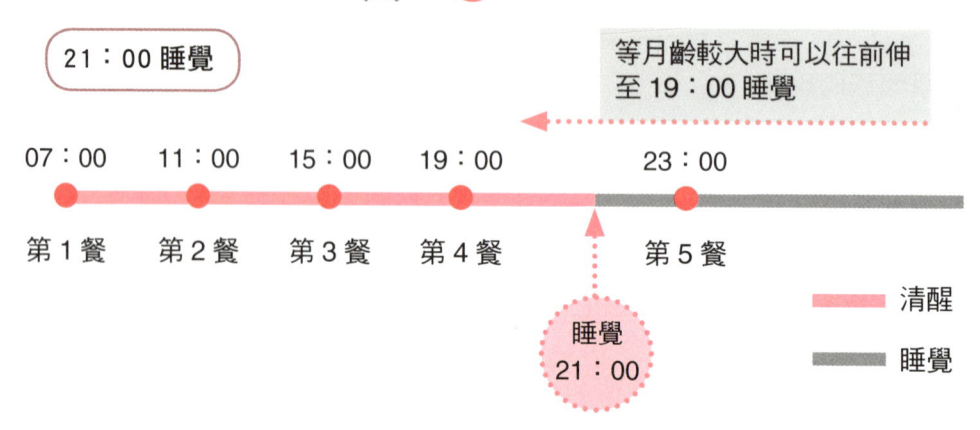

21：00 睡覺

等月齡較大時可以往前伸至 19：00 睡覺

| 07：00 | 11：00 | 15：00 | 19：00 | 23：00 |
| 第1餐 | 第2餐 | 第3餐 | 第4餐 | 第5餐 |

睡覺 21：00

■ 清醒
■ 睡覺

### 方法 2 往後延長睡眠

**適合對象** 食量大的寶寶、配方奶寶寶。

　　一開始就採行壓縮第 3 段小睡，很容易寶寶就會先戒掉第 5 餐，這時會剩下第 6 餐，你希望幫寶寶省略掉第 6 餐不喝奶，讓他晚上連續睡 12 小時。

　　戒夜奶後，03 點不必先叫醒 10 分鐘，只需輕輕抱起寶寶，安靜且開小燈或關燈的狀況下餵食，甚至不吵醒小孩，讓寶寶在睡夢中喝奶，喝完打嗝又放回去睡，直到早上 7 點叫醒，開始美好的一天。

　　等到小孩第 1 餐開始喝不到原有的量，就可以慢慢減少半夜 3 點的奶量，如果小孩第 1 餐喝奶的狀況不好（或少 60 毫升），就直接刪掉 03 點那餐。我家鈞是在 3 個月時開始睡 12 小時。

**注意** 這個方法必須配合壓縮第 3 段小睡，才能順利先戒掉 23：00 那餐。

## ⏰ 往**後**延長睡眠作息範例（搭配 p.114 圖1、圖2）

| | | |
|---|---|---|
| ① 7：00 | 第 1 餐 | 喝奶＋清醒 |
| 8：30～11：00 | 第 1 段小睡 | |
| ② 11：00 | 第 2 餐 | 喝奶＋清醒 |
| 12：30～15：00 | 第 2 段小睡 | |
| 15：00 | 第 3 餐 | 喝奶＋清醒 |
| ③ 16：30～18：00 圖2<br>或 18：30 圖1 | 第 3 段小睡，壓縮此段小睡時間 | |
| 18：00 圖2<br>或 18：30 圖1 | 提早叫起床洗澡 | |
| ④ 18：30 圖2<br>或 19：00 圖1 | 第 4 餐　睡前奶 | 喝奶＋清醒 |
| 19：00 圖2<br>或 19：30 圖1 | 上床睡覺 | |
| ⑤⑥ 3：00 | 第 6 餐，讓寶寶在睡夢中餵奶　此時第 5 餐已戒掉 | |

**鈞媽育兒 TIPS**

我家的作息比較晚，10（第1餐）－14－18－22（睡前奶）－02－06。在鈞 7 周時戒 02 點的夜奶，並睡過夜。22 點喝完睡前奶，06 點輕輕抱起來喝奶，喝完打嗝就睡，起初鈞在 6 點抱起床時，會睜開眼睛很清醒的喝奶，漸漸喝一下就睡著。接近 3 個月時，我開始慢慢減少奶量，第 1 餐喝不下時就順勢把 6 點該餐刪掉。

### 方法 3 延長喝奶（吃副食品）的方式

**適合對象** 開始輕微厭奶或開始吃副食品。

假設作息表是：07（第 1 餐）－ 11 － 15 － 19 － 23。可改成 4.5 小時餵 1 次：07：00 － 11：30 － 16：00 － 20：30（睡前奶），喝完睡前奶後再陪寶寶從事靜態活動，約 21：30 上床睡覺，大約睡 10 ～ 10.5 小時左右。

**鈞媽育兒 TIPS**
建議除非寶寶開始輕微厭奶或開始吃副食品再用這種延長方式，假設你的寶寶很重吃（喝奶比睡覺重要），延長喝奶時間會比較難辦到。

### 方法 4 確認小孩能睡多久

**適合對象** 4 個月以下的寶寶。

約 2 個半月～ 3 個月，規律作息和戒完夜奶穩定之後，當每天第 1 餐都要媽媽用叫的才會起床時，就可以測試一下小孩可以睡多久。喝完睡前奶後，就讓寶寶睡到自然醒，再來重新安排第 1 餐的時間和作息表，此後還是一樣每天固定、規律作息，但是不適用超過 4 個月的寶寶。

### 方法 5 前後微調

**適合對象** 4 個月以下的寶寶。

與上個方法有異曲同工之妙，舉例來說：原本作息為 06（第 1 餐）－ 10 － 14 － 18 － 22，就改成 07 － 11 － 15 － 19 － 22，很單純只是用幫寶寶往前或往後增加睡眠時間，同樣不適用超過 4 個月的寶寶。

## 方法 6 隨著餐數調整睡眠時間

適合對象　所有寶寶和所有的月齡。

改 4 餐時，每餐間隔 4.5 小時讓孩子提早睡 9 ～ 10 小時；改 3 餐時，每餐間隔 5.5 小時提早睡，睡 10 ～ 12 小時。

**鈞媽育兒 TIPS**　不是每個寶寶都能順利在 3 ～ 4 個月延長睡眠，約 1 ／ 3 的寶寶會一直等到吃副食品才有體力延長睡眠，但還是需要保持晚上就是睡眠的時間，你可以選擇用方法 6 來延長寶寶的夜晚睡眠，或是選擇等吃副食品再刪掉 1 餐。

### 🕰 隨著餐數調整睡眠時間

━━ 清醒
━━ 睡覺

**喝奶時，21：00 睡覺**

07：00　11：00　15：00　19：00　　　23：00
第1餐　第2餐　第3餐　第4餐　　　第5餐

睡覺 21：00

**吃副食品從 4 餐改 3 餐時**

07：00　12：00　18：00
第1餐　第2餐　第3餐

睡覺 19：00 ～ 20：00

第三章｜0 ～ 3 個月：帶寶寶融入家庭生活　131

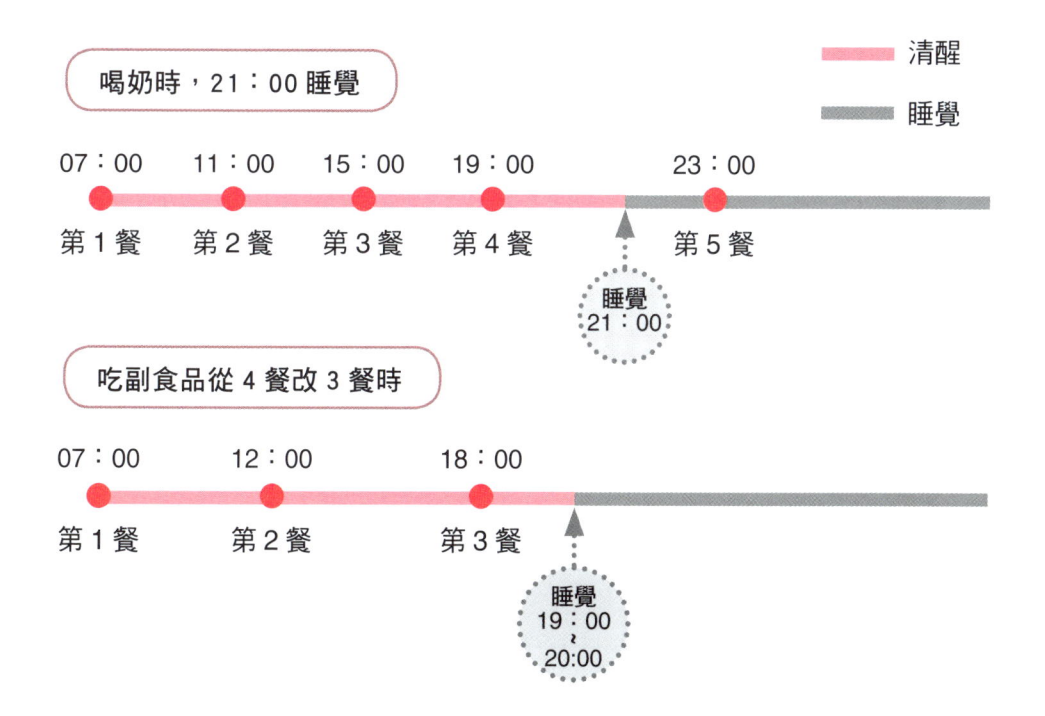

4 延長夜間睡眠

## 方法 7　慢慢提前第 5 餐

發現寶寶第 5 餐總是喝很少時，每天提早一點時間餵奶，第 1 天提前 15 分鐘、第 2 天提前 30 分鐘，直到提前與上 1 餐餵奶時間間隔少於 1 小時就直接刪掉這餐。

**舉例**

> 寶寶睡前奶在 19：00、第 5 餐是 23：00，第 1 天第 5 餐提前到 22：45 分餵，第 2 天提前到 22：30……以此類推，當第 5 餐提前到 20：00 時就直接刪掉這餐奶。

有些寶寶會在第 4～第 5 餐之間發生黃昏時的哭鬧，會鬧到喝完奶才停止哭泣，建議可以用這方法慢慢提前餵奶時間順勢戒掉第 5 餐。

## 3 個延長睡眠的常見問題

**Q1** 為什麼要延長睡眠 10～12 小時，8 小時不行嗎？

連續但短暫的睡眠和長時間的連續睡眠，何者可以讓人恢復體力呢？當然是後者，且小孩的體力本來就跟大人不一樣，更需要充足的睡眠。對照顧者而言，也能有比較久的休息時間。但是如果家中要配合父母上下班時間，晚上只能睡 8 小時，則建議把晚上睡眠時間移到早上睡。

**Q2** 若想幫寶寶延長睡眠，白天要不要增加奶量？

不用，等戒掉夜奶後或延長睡眠後，過一陣子會自動調整白天所需奶量，你只要餵到寶寶不喝即可，不需要硬是增加寶寶的奶量，注意寶寶是否喝完還哭著要繼續喝就好。

**Q3** 我本來是跑早上 10 點第 1 餐的作息，可是因為家庭因素想改成早上 7 點第 1 餐的作息，怎麼改？何時能改？

等到戒完夜奶、作息穩定後再更改，決定更改的那一天，早上 7 點把寶寶叫醒來，第 1 餐即可從 10 點改成 7 點的作息。請媽媽在決定作息時要考慮詳細，因為新生兒要適應新作息都需要花上一段時間才能適應，也容易因為改變作息導致混亂哭鬧。

# 第四章

## 3～6個月 享受快樂育兒生活

## 1　3～6個月的作息規劃與調整

恭喜你現在已經脫離 0～3 個月的習慣養成期，只要你有認真執行規律作息，3 個月開始寶寶每天早上起床都會以微笑迎接父母，鮮少聽到哭聲，你以為從此可以快樂帶小孩了嗎？錯了！育兒是個很長遠的路程，每個月齡都有每個月齡的課題。

### 3～6 個月調整重點

#### 重點 1　拉長白天清醒時間

寶寶滿 3 個月後，要主動慢慢拉長寶寶的清醒時間。3～6 個月的寶寶，平均每次可以清醒 2 小時，每次小睡不可以超過 3 時（依小孩個體會有些微不同）。

3 個月的寶寶，大約 2／3 已經睡過夜連睡 8 小時，如果你的寶寶尚未睡過夜，請檢查整天的作息，確認作息是否有固定、白天是否有睡太多的傾向、奶量、夜奶是否固定時間討奶等。約有半數寶寶已經延長睡眠，假如你的寶寶晚上只能連睡 10 小時，請別擔心，等吃副食品後再逐步延長到連睡 12 小時或繼續保持 10～11 小時。

3 個月前，你正在跟寶寶互相磨合，寶寶正在習慣作息，學習自行入睡，你必須觀察並記錄寶寶能清醒的時間和調整成寶寶能接受的作息；3 個月後，要由你「帶領」寶寶適應你所調整的作息，慢慢拉長白天的清醒時間。

### 🕐 夜晚睡 12 個小時的每段平均睡眠時間

| | 3～4 個月 | 4～5.5 個月 | 5.5～6 個月 |
|---|---|---|---|
| 第 1 段小睡 | 2 小時 | 2 小時 | 2 小時 |
| + | + | + | + |
| 第 2 段小睡 | 2 小時 | 2 小時 | 2 小時 |
| + | + | + | + |
| 第 3 段小睡 | 30～40 分 | 30 分 | 0～30 分 |
| + | + | + | + |
| 夜晚長睡眠 | 12 小時 | 12 小時 | 12 小時 |
| 平均睡眠時間 | 17～16 小時 | 17～16 小時 | 17～16 小時 |

### 🕐 夜晚睡 10 個小時的每段平均睡眠時間

| | 3～4 個月 | 4～5.5 個月 | 5.5～6 個月 |
|---|---|---|---|
| 第 1 段小睡 | 2.5～2 小時 | 2 小時 | 2 小時 |
| + | + | + | + |
| 第 2 段小睡 | 2.5～2 小時 | 2 小時 | 2 小時 |
| + | + | + | + |
| 第 3 段小睡 | 2 小時 | 2 小時 | 2 小時 |
| + | + | + | + |
| 夜晚長睡眠 | 10 小時 | 10 小時 | 10 小時 |
| 平均睡眠時間 | 17～16 小時 | 17～16 小時 | 17～16 小時 |

**鈞媽育兒 TIPS**

「3 個月後寶寶的睡眠會穩下來，不需要再看寶寶累不累，時間到直接放上床睡覺就好，他也會習慣累了躺上床就會睡覺。你可以開始將每段小睡時間調整成一樣的長度。」

1 3～6 個月的作息規劃與調整

## 重點 2　決定小孩何時可以結束小睡時間和離開小床

　　一天的生活中，最不需要干預的部分就是睡覺，超過 4 個月後，如果白天小睡時間還沒結束寶寶就起床，該怎麼辦？睡眠很忌諱干預，小孩醒來時如果不是肚子餓，會在床上玩。

> **重點**　請保持一個原則：讓寶寶多留在床上一陣子，慢慢讓寶寶習慣後，小睡時間沒有結束就不進房抱他起床，這是學習獨自玩耍的第一步，他也會習慣半夜玩一玩又繼續睡，不會鬧著要你陪他玩。

　　假設寶寶無聊開始哭泣，建議先觀察狀況，不要急著去處理，就算哭累，讓寶寶下一段小睡早點睡就好。

> **鈞媽育兒 TIPS**　小孩睡覺也是媽媽忙碌的開始，全職媽媽常被外界誤認為：整天閒閒沒事做，還可以睡覺！其實媽媽一整天非常忙碌，瑣碎雜事非常多，常忙到連吃口飯的時間都沒有。建議要學著規劃自己的時間，例如趁寶寶小睡時做完家務，不必緊張兮兮一聽到寶寶哭聲就衝去抱小孩，等寶寶小睡時間結束後才進房叫醒寶寶，這樣會讓你的家庭生活井然有序。

### 重點 3　晚上睡眠時間要集中

有些媽媽會沿用前 3 個月的作息，不讓寶寶延長夜晚睡眠，晚上只睡 6～8 小時就行，然而長久下來，會變得寶寶睡眠被拆得很零散，且大幅減少。建議吃副食品之前，白天保持 3～4 段小睡，增加寶寶的睡眠時間。

#### ⏰ 3 個月後零散的錯誤作息 ✗

|  |  |  |
|---|---|---|
| 第 1 段 | 6：00 | 第 1 餐 |
|  | 8：00～10：00 | 小睡 |
| 第 2 段 | 10：00 | 第 2 餐 |
|  | 12：00～14：00 | 小睡 |
| 第 3 段 | 14：00 | 第 3 餐 |
|  | 16：00～18：00 | 小睡 |
| 第 4 段 | 18：00 | 第 4 餐 |
|  | 20：00～22：00 | 小睡 |
| 第 5 段 | 22：00 | 第 5 餐 |
|  | 24：00～06：00 | 晚上長睡眠 |

**重點**　表中媽媽將 22：00～24：00 當成白天與孩子玩耍，大幅減少孩子的睡眠。較妥當的做法應該是 20：00～24：00 都讓孩子睡覺，睡到隔天 6 點共 10 小時，即便 22：00 有喝奶也應該是關小燈餵奶、餵完就繼續睡。

第四章｜3～6 個月：享受快樂育兒生活　139

### 重點 4　5個月半開始,刪減第 3 段小睡,延長夜晚的睡眠時間

從 5 個半月開始,你可以慢慢削減第 3 段小睡時間,讓寶寶提早睡覺,等 6 或 7 個月後,不需要睡第 3 段小睡後,作息會變成結束上一段小睡連續清醒 3 ～ 4 小時後,再接著開始晚上的長睡眠。

### 重點 5　睡嬰兒床且和父母同房,如何不干擾寶寶入睡?

3、4 個月後,嬰兒已經可以看到固定事物,並隨著物體移動,如果爸媽在寶寶正要入睡時,還在房內走動就會干擾寶寶入睡,為了能讓寶寶安穩的自己入睡,親子間可以建立屬於自己的睡前儀式,讓寶寶知道該睡覺。做完睡前儀式後,父母離開房間、關燈(或開小燈),讓他入睡,父母可以等小孩熟睡後再入房睡覺。

**鈞媽育兒 TIPS**

寶寶需要比大人更多的睡眠,俗語說得好:「一瞑大一吋」,穩定的睡眠可恢復體力、分泌成長激素、增進記憶力等。但是大人睡眠所需時間比孩子少很多,要跟小孩同時睡同時醒有很大的困難度。在我家,都是鈞先睡(22:00),接著到 24:00 前就是我們夫妻獨處的時間,享受兩人甜蜜的時刻,促進家庭和諧,24:00 我們夫妻再悄悄的進入房間睡覺。

## ⏰ 鈞媽 3～6 個月的作息範例

（實際作息需依每個家庭而定，僅供參考）

### 範例 1 ▶▶ 晚上睡 10 小時的睡法

|  |  |
| --- | --- |
| 7：00 | 第 1 餐 |
| 9：00～11：00 | 第 1 段小睡 |
| 11：00 | 第 2 餐 |
| 13：00～15：00 | 第 2 段小睡 |
| 15：00 | 第 3 餐 |
| 17：00～19：00 | 第 3 段小睡 |
| 19：00 | 第 4 餐 |
| 21：00 | 上床睡覺 |

### 範例 2 ▶▶ 有些寶寶早上會比較想睡，只能醒 1.5 小時

|  |  |
| --- | --- |
| 7：00 | 第 1 餐 |
| 8：30～11：00 | 第 1 段小睡 |
| 11：00 | 第 2 餐 |
| 13：00～15：00 | 第 2 段小睡 |
| 15：00 | 第 3 餐 |
| 17：00～19：00 | 第 3 段小睡 |
| 19：00 | 第 4 餐 |
| 21：00 | 上床睡覺 |

第四章｜3～6 個月：享受快樂育兒生活

**範例 3 ▶▶ 晚上睡 12 小時的睡法**

| 10：00 | 第 1 餐 |
|---|---|
| 12：00～14：00 | 第 1 段小睡 |
| 14：00 | 第 2 餐 |
| 16：00～18：00 | 第 2 段小睡 |
| 18：00 | 第 3 餐 |
| 20：00～20：30 | 第 3 段小睡 〔縮短小睡〕 |
| | 洗澡 |
| 21：30 | 第 4 餐 |
| 22：00 | 上床睡覺 |

**範例 4 ▶▶ 晚上 11 個小時的睡法**

| 7：00 | 第 1 餐 |
|---|---|
| 9：00～11：00 | 第 1 段小睡 |
| 11：00 | 第 2 餐 |
| 13：00～15：00 | 第 2 段小睡 |
| 15：00 | 第 3 餐 |
| 17：00～18：00 | 第 3 段小睡 〔縮短小睡〕 |
| 19：00 | 第 4 餐 |
| 20：00 | 上床睡覺 |

## 常見的意外教養狀況

3個月後的寶寶會很好帶，但還是有不同的挑戰迎接著媽媽，以下列舉可能會發生的問題。

### 狀況 1　翻身的哭

嬰兒約在3～6個月間（視發展進度），會開始學翻身，半夜睡到一半會不小心翻身（趴睡變成仰睡，或仰睡變成趴睡），接著開始大哭。此時，大人只需要幫他一把，或是讓他嘗試自己翻回去。白天多陪他練習翻身，很快就會度過這段時間。如果寶寶習慣晚上睡著後翻身繼續睡，往後的睡覺姿勢就會很亂。

**鈞媽育兒 TIPS**

媽媽這時候好不容易終於能晚上好好睡覺，結果寶寶又開始半夜夜啼，疲於起床幫他翻身。有些媽媽會將抱枕、枕頭、棉被捲成長筒狀放在嬰兒的身邊，避免翻身哭泣——這其實是很危險的舉動，很容易悶到窒息死亡。床上必須清空，不能擺任何東西，可以改穿防踢被、睡袋或肚圍。

我自己比較淺眠，等鈞3、4歲後偶有一起睡的情況，跟他睡覺就會被他踢、踹，或是床頭滾到床尾又滾到床下（他都不會醒），還加上打呼，可憐的我往往整晚無法睡覺。像這種情況，為了彼此的睡眠品質，讓嬰兒睡獨立的嬰兒床才是上策。

### 狀況 2　無聊的哭

前 6 個月，白天清醒時寶寶會因為身體無法移動，容易無聊而哭，音量較低，哭一下、停一下又哭。媽媽可以在寶寶喝完奶後精神尚佳時，拿健力架讓他自己玩個十幾分鐘，再接著陪孩子玩到他累了想睡為止。此時應多陪陪孩子一起玩，把家務先放在一邊。

**鈞媽育兒 TIPS**　6 個月前的**寶寶睡眠時間非常多，應該將家事放在小睡時間**，也不需要急著訓練獨玩。

### 狀況 3　半夜或清晨起床玩

寶寶腦神經發展活躍，月齡 3～4 個月後會半夜或清晨醒來自己玩，建議媽媽不需要理會，讓他自己玩一玩再自行睡回去。

**鈞媽育兒 TIPS**　寶寶不是真的餓是不會大哭的。睡眠最不需要干預，晚上不要一有動靜或扭來扭去就急著餵奶或安撫。半夜醒來玩沒關係，不要理會寶寶，讓他自行玩一玩再睡回去就好。

### 狀況 4　長牙、生病和打預防針

長牙會造成晚上睡不好，你可以買長牙舒緩劑幫寶寶塗在小白點上，打預防針也會造成 1 星期左右作息大亂、動不動一直亂哭。媽媽照顧的重點在盡可能維持作息，如果真的不能維持也不用勉強，等恢復健康後再調整來。生病的寶寶病癒後 1 星期最難照顧，**會變得更黏媽媽**，你可以等寶寶康復後再恢復原有的規律作息。

> **鈞媽育兒 TIPS**
>
> 有些新手媽媽會因為過於害怕養成新的壞習慣，而放任寶寶哭。不用太擔心！寶寶生病是因為生理上的需求，你應該積極的照顧他、安撫生病難過的寶寶，像親餵的媽媽會以乳房安撫。鈞的安撫方法非常有趣，他很喜歡趴在我的膝蓋上，我用拍痰的方法拍背，拍著拍著就會睡著。你也能找出讓寶寶更舒服的方式。切記，半夜寶寶哭都不要先考慮餵奶，感冒的孩子喉嚨會痛，可以餵點水或以其他方式安撫。

## 狀況 5　提早起床

當寶寶越來越早起床，請你檢視以下原因：

- 陽光照進房間，溫度太低或太高導致寶寶無法繼續睡。
  - ▶▶ 房間裝隔光窗簾，室內放冷暖氣。

- 前 1 天白天攝取熱量不足。
  - ▶▶ 開始吃副食品或增加奶量。

- 外來的干擾（例如：爸爸起床吵到小孩）。
  - ▶▶ 與寶寶分房或請大人小聲一點。

- 你把第 1 餐的時間定太晚。
  - ▶▶ 調整作息表，提早第 1 餐的時間。

## 📢 訂定符合家庭的作息

訂定作息一定要「符合家庭作息」，若把作息定太晚，寶寶很容易被陽光或溫差影響。鈞的房間在我家的正中央，即便如此，只要走廊的窗簾沒拉好讓陽光照進來，鈞就會提早起床，屢試不爽。

如果寶寶早上比預定第 1 餐時間提早起床該怎麼辦？躺在床上的你一定會思考這問題。很簡單，不理他！請記得前文所述，是你決定小孩離開床的時間，讓他在床上玩，等第 1 餐時間到再抱寶寶起床。如果寶寶是無聊的哭，你可以選擇不理會；假設寶寶是因為肚子餓哭鬧不止，你可以先拖延一下時間（抱著哄哄他），真的無法拖延就提早半小時至 1 小時餵，下 1 餐還是一樣的時間（舉例：第 1 餐是 7 點，寶寶因為肚子餓而提早 6 點半餵，下 1 餐還是一樣在 11 點餵），只是一定要找出提早醒的原因，才不會惡性循環。

## 狀況 6　不專心喝奶

寶寶這時候的視線集中，已經可以跟著物體移動，好奇心很重，無法專心喝奶，多數的寶寶會喝幾口就停止並看向別的地方，比如聲音的來源，媽媽餵一頓奶要花的時間變長。比較好的建議是，媽媽每次要餵奶時，找一個安靜的環境餵奶，孩子分心停止吸吮時，媽媽要把乳房或奶瓶拿離開寶寶的嘴巴，提醒他繼續喝；如果寶寶沒有將奶喝完，可以休息 15～20 分鐘後再繼續餵，但是無論孩子有無辦法把奶喝完，超過 1 小時後就要停止餵奶，因為離下一頓奶要有 2～3 小時的間隔，好讓他能消化胃中的奶。

## 10 個調整作息的常見問題

**Q1** 寶寶剛入睡或睡覺時，都會匍匐前進，卡在床頭大哭，該怎麼辦？

嬰兒床的布置這時候可以加上床圍，如果卡住，你可以救他 1 次，將他移回床中央，試著讓寶寶學習適應及解決。

**Q2** 小睡結束前不能離開床，可是寶寶每段小睡都提早醒來哭，怎麼辦？

如果不是淺眠不懂得重新入睡，建議檢視是否太早讓小孩小睡（可以醒更久），或是沒有喝到足夠的奶量、該開始吃副食品。

**Q3** 小孩晚上一直不小心翻過來而大哭，我只好開始哄睡，該怎麼讓寶寶回到以前規律的作息？

請重新教寶寶規律作息和自行入睡。別擔心，因為寶寶已經習慣自己入睡，再一次教自行入睡的速度也會很快。

**Q4** 我想拉長寶寶的清醒時間，可是他都沒辦法清醒的撐著？

在一開始拉長小孩清醒時間時，小孩一定會不習慣。假設你日夜顛倒，早上一定非常想睡、晚上一定很有精神，若要扭轉這樣的狀況，就必須維持一段早上很想睡卻必須保持清醒的痛苦感受。對寶寶則可和緩一點，5 分或 10 分鐘一點一點拉長。規律作息也不是泡泡麵，不可能一天就看到效果，必須持之以恆，讓小孩習慣。

**Q5** 何謂一夜到天亮？大家的寶寶真的都是整個晚上都安安靜靜的睡，沒有爬起來玩、哭嗎？

沒有一個寶寶是真正一覺到天亮。先想想自己是否曾經半夜因為旁邊的打呼聲或其他不明原因突然醒來，確認沒問題後又繼續迷迷糊糊的睡覺？我們就是要教孩子「學習」醒來後在有睏意時又繼續睡回去的方法。

新生兒在前幾個月半夜睡覺都很吵，突發狀況也多，新手媽媽盡量要保持「寶寶沒大哭就不要安撫、抱、餵奶」。4、5個月後寶寶也會半夜突然爬起來玩又睡回去，慢慢寶寶的睡眠就會越來越穩。養成規律作息的寶寶在發生異狀時都比一般孩子來得容易發現喔！

**Q6** 我的寶寶4個月以前都可以不夜奶、睡10～12個小時，為什麼現在開始半夜哭著要喝奶？

這是發問頻率第一名的問題，寶寶所攝取的熱量在出生的前6個月會決定他是否能安穩睡過夜，故當寶寶開始半夜大哭、要奶喝時，就表示媽媽應該開始添加副食品，不需要堅持到6個月才給副食品。多數不知道原因的媽媽會開始哄睡、餵夜奶給寶寶，漸漸又養成習慣。

**Q7** 寶寶睡過夜、連睡10～12小時，半夜要換尿布嗎？

不需要，晚上可以選用大一號且較好的尿布。喝完睡前奶後休息一下，等要睡覺時再換上新的尿布即可。少數對尿濕很敏感的寶寶，可以在大人要上床睡覺前，確認寶寶是熟睡的狀況，悄悄幫他換一次尿布，接下來就睡到天亮。

**Q8** 如果我是 3 個月才開始幫寶寶規律作息,該從何做起?

請依訂立規律作息 ⇨ 自行入睡 ⇨ 戒夜奶的順序做起,睡眠的時數可以參考本章及你觀察寶寶的作息來執行。

**Q9** 寶寶長牙了,半夜一直哎哎叫,好像很不舒服,可以親餵母乳安撫嗎?

可以的,寶寶半夜真的非常不舒服時,建議你偶爾親餵母乳安撫一下,只要不養成習慣就好,並注意小孩的身體狀況,也可以使用長牙舒緩劑減經長牙的難過。

**Q10** 寶寶開始吃副食品就不喝奶,怎麼辦?

厭奶的寶寶剛開始吃副食品時,都會很喜歡這個新味道,然而孩子的喜好都是一陣一陣,這陣子喜歡副食品,過陣子又喜歡喝奶,媽媽只要放寬心,好好的餵副食品,不喜歡喝奶就努力餵孩子副食品即可。

## 2 開始嘗試副食品

寶寶開始嘗試副食品時,媽媽通常都需要做很多的功課、購買很多器具,到底該怎麼做才能讓寶寶吃得順利又營養呢?

每位媽媽都有共同的記憶:寶寶不吃被氣到內傷,擔心小孩過瘦。下面的說明能讓媽媽少做很多功課,並且事半功倍。

### 需要準備的工具

#### ❀ 調理機器

目前市面上分成調理棒和調理機,如果經濟許可,建議兩種都買;如果有經濟上的考量,就只要買調理機就好。調理機可以打少量或大量的泥,等寶寶長大後也能打果汁、蔬菜汁、冰沙等。

#### ❀ 調理棒

**優點** ▶ 一開始可以選擇調理棒,價格低,體積小好清洗,也可以打少量。願意每餐弄新鮮食物泥的媽媽,調理棒是很好的選擇。等寶寶月齡比較大後,也可以用調理棒把食材打成細顆粒。

**缺點** ▶ 調理棒的馬力較小,像黑豬肉、土雞肉等品質好的肉肉質纖維較硬,無法打細,拉長打泥的時間或長時間運作又容易造成機器過熱。規律作息的寶寶食量較大,每餐的泥量會越來越多,調理棒很快就會無法負荷。

### ✿ 調理機

**優點** 馬力大,能快速將食物打成綿密的細泥,寶寶的食量會很快就大到需要用調理機打泥。

**缺點** 噪音很大,如果在寶寶睡覺時候使用很容易吵到寶寶,價格也比較高。

### ✿ 碗和湯匙

寶寶通常沒有很大的耐心,餵的速度一定要快,湯匙的選擇就非常重要,建議不要買坊間初階專用的小湯匙,可以買大支一點點,像麥當勞吃冰炫風專用湯匙的形狀,長型較深的湯匙。碗用淺底即可。

### ✿ 圍兜

一開始可以用普通紗布巾,慢慢可以用專用的圍兜,避免吃到滿身都是食物。

### ✿ 餐椅

等寶寶可以坐直後,一開始讓寶寶坐在餐椅中玩耍,等習慣後就要開始每餐都坐在餐椅才開始吃飯。養成在餐椅上吃飯這個習慣非常的重要,1歲前的鈞習慣在餐椅上吃飯後,外出吃飯也會坐在餐椅上,後來改坐一般椅子也會乖乖吃完,不隨意離開餐桌,這中間的過程都需要父母對教養的堅持與不妥協。

### ✿ 分裝容器

假如你每天現打就不需要選擇分裝的容器。多數的媽媽會選擇 3 天或 1 星期做 1 次副食品，分裝的副食品建議最多冷凍 7 天，冷凍太久食物容易走味。

量少時可以 1 種口味做 1 種冰磚，用小容器或製冰盒裝，每餐再依食量拿幾塊加熱，好處是可以每餐變換口味。等量大時再選擇複合食材一起蒸熟打成泥，再依寶寶食量用大容器分裝冷凍。

## 何時可以開始餵食副食品？

只要寶寶有以下任何一項特徵出現，就能開始餵食副食品：

### 特徵 1　每餐奶量達 180 毫升～ 240 毫升

寶寶奶量越來越高，表示他的食量越來越大，但是媽媽不可能永無止盡的增加奶量，建議開始餵食飽足感高的副食品。

### 特徵 2　突然越來越早起床

本來可以晚上穩睡 10 ～ 12 小時，一樣有睡過夜，但突然越來越早起床，而原因不是陽光或太冷太熱太吵的問題。這算是比較輕微需要副食品的症狀，因為喝進去的奶無法應付身體所需熱量（奶好消化、水分含量高），也無法幫助寶寶睡一整夜，自然越來越早肚子餓起床討奶喝。

### 特徵 3　開始流口水

唾液中含有澱粉酵素，幫人體將澱粉轉化為醣類，當寶寶開始流口水，表示他的消化器官發育正常，也是在提醒父母：可以開始給副食品了。

### 特徵 4　厭奶

　　嬰兒的尿布1天之中約3～4小時更換1次，通常每次更換時都會覺得很重，尤其是睡過夜的那塊尿布。但當你發現親餵母奶的孩子尿布一天比一天輕，喝奶的時間一天比一天短，甚至很餓也不願意認真喝奶；而用奶瓶餵奶的孩子都要花很長的時間（長達1小時）才能喝完一瓶奶或喝一點就不願意再喝，這就表示他厭奶了。

　　當嬰兒討厭喝奶以致看到奶瓶或乳頭就會開始哭泣時，表示症狀非常嚴重。在日常生活上的改變是：白天小睡本來很穩定，卻開始變得小睡睡一半就開始哭、早上越來越早起床、入睡困難、夜晚都要哭很久才願意入睡、情緒不穩、動不動就狂哭不止。有些母親會期望寶寶厭奶能獲得改善卻不採用副食品，堅持讓寶寶餓4小時才餵奶，認為這樣嬰兒就會有胃口喝奶，事實卻相反，多數的嬰兒是寧可繼續餓或喝一點奶就不願意繼續喝來表達他討厭奶。3～4個月時，是嬰兒厭奶的高峰期。

　　有些媽媽會選擇讓孩子睡著時喝奶，但這是下下策，一旦孩子習慣就算醒來也不餓，就更不肯好好醒著進食。

　　有些育兒書會建議母親調回白天3小時喝1次奶，只是依我的淺見會覺得，除非是遇到成長衝刺期，不然並不建議這樣做，寧可開始給孩子副食品來緩解這樣的現象。就算是大人，假設連喝3個月的奶都不吃任何食物，也會變得厭惡喝奶，這是正常的，

　　不需要擔心孩子從此不喝奶，因為孩子喜歡吃的食物都在不停改變，一旦副食品吃得多或吃膩時，就又會恢復想喝奶。

#### 特徵 5　4 個月後就可以開始嘗試

不建議撐到 6 個月以後才給副食品，越晚給副食品，孩子的接受度會越低（因為他沒有用湯匙飲食的習慣），相對母親要讓孩子習慣吃副食品所付出的努力就要越大。而且，建議不要把米精或副食品加入奶中用奶瓶喝，因為添加副食品還有另一個目的，就是要慢慢讓孩子習慣用湯匙進食，況且把米精加進奶瓶中的配方奶給孩子食用，會導致奶的濃度太高，腸胃不好的孩子容易腹瀉或便秘。

#### 特徵 6　突然又開始夜奶

最常發生的狀況是，寶寶早在 3 個月前就已經睡過夜，卻突然在 3～4 個月時又開始半夜響起響亮的哭聲要喝奶，表示寶寶身體此時處於成長衝刺期，白天攝取的熱量已經無法滿足身體成長所需。建議增加白天的奶量或是開始吃副食品，然而寶寶的胃容量有限，不可能永無止盡的增加奶量，此時副食品比奶能提供更高的飽足感和熱量，可以優先選擇開始吃副食品。

> **鈞媽育兒 TIPS**
>
> 6 個月前的寶寶會因為攝取熱量不足，吃不飽導致夜奶或提早起床，但是 6 個月後睡過夜已經是一種習慣，不會因為吃不夠而夜奶。

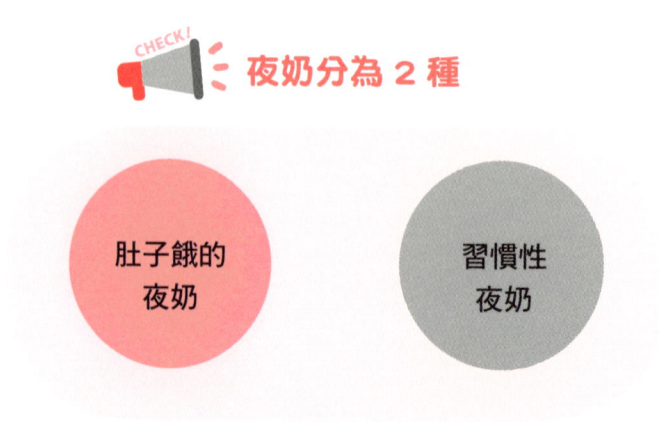

**CHECK！夜奶分為 2 種**

- 肚子餓的夜奶
- 習慣性夜奶

## ● 副食品食材順序 4 步

　　每樣食材都需要嘗試 2～3 天，每天嘗試 1 次，1 次新增一樣食材，順序依序為澱粉、水果、蔬菜、蛋白質。此建議的目的是，一方面讓寶寶腸胃慢慢習慣奶以外的食物，一方面觀察寶寶是否有腹瀉或過敏、嘔吐，幫助媽媽快速找出原因。過敏的症狀是全身起紅疹、腹瀉 1 天超過 3～5 次。寶寶一開始有可能將副食品保持原狀排泄出來，或些微軟便或糊狀，這是正常的，慢慢就會習慣。

### 第 1 步　澱粉類

　　一開始可以先從米湯開始，確認是否澱粉過敏。

> (米湯的做法)　將米以 1：10 方式用電鍋煮成粥，可以只撈最上面的湯給寶寶喝，或是全部用調理機打成米泥（米糊）給寶寶吃。

**鈞媽育兒 TIPS**

　　我在鈞 4 個月時，很開心的四處蒐集各家廠牌米精，並開始給鈞吃，後來他習慣了米精的甜，反而不願意吃一般的食物泥。為此，我一開始採取讓鈞餓的方式，這餐不吃食物泥就下一餐再餵，但鈞很固執，連續三餐都是吃一兩口就不吃，最後解決的辦法是用食物泥和米精調和，等鈞慢慢吃習慣後再降低米精的量。

　　天然最好！建議一開始從米湯、米糊開始，而非米精，假如寶寶會排斥不吃，也不用太沮喪，持續的餵，孩子慢慢就會習慣。

## 第 2 步　水果類

等米湯（米糊）吃 2～3 天後確認不會過敏，可以選安全的水果，像是蘋果泥、香蕉泥（1 次選 1 種水果），和米糊混合一起給寶寶嘗試。

❗ 以下是高過敏水果，建議晚一點或 1 歲後再嘗試：柑橘類（橘子、椪柑、柳丁、金桔、柳橙、葡萄柚）、帶毛的水果（草莓、奇異果、水蜜桃）、芒果、番茄、椰子、哈密瓜。

## 第 3 步　蔬菜類

等確認對水果不會過敏後，你可以再選一樣蔬菜，多數的媽媽會選紅蘿蔔，將紅蘿蔔泥＋米泥＋水果泥混合後給寶寶吃。

❗ 以下是高過敏蔬菜，建議晚一點或 1 歲後再嘗試：玉米、竹筍、茄子、洋蔥、蒜頭、芋頭、香菇。

## 第 4 步　蛋白質

蛋白質分植物性蛋白質和動物性蛋白質，優先選擇植物性蛋白質。植物性蛋白質存在於豆類、穀類、花生等。以豆類含有最豐富的植物性蛋白質，你可以選擇米豆（黑眼豆）、毛豆、黃豆、紅豆、扁豆、碗豆、皇帝豆。多數的媽媽會先從米豆開始，只是米豆吃多易脹氣，且有些寶寶對於米豆特殊氣味接受度較低（鈞就是），你也能改用其他豆類來取代。

當寶寶開始嘗試蛋白質時，一餐中的食物泥可同時加米泥、蔬菜泥、水果泥及豆泥（肉泥）。

植物性蛋白質無法完全取代動物性蛋白質，當寶寶滿 6 個月後，就可以開始給寶寶嘗試肉類，順序為雞肉、豬肉、牛肉。雞肉油脂含量低，適合先讓寶寶腸胃接受肉類和油脂。台灣以吃豬肉為最主要的肉類攝取來源，台灣豬農養殖手法特殊（閹割），豬肉鮮甜且沒有腥臭味。此外，台灣政府對豬隻管控極為嚴格（不能私宰，需經過 CAS 電宰），故吃豬

肉很安全，豬肉的脂肪也比雞肉高，剛好可以提供需要大量熱量的小孩。紅肉能提供給寶寶更多鐵質的攝取，對於 6 個月後的寶寶也極為重要。

**鈞媽育兒 TIPS**

坊間的說法，目前你在網路上可以聽到兩種說法：

❶ **循序漸進**：一樣一樣食材嘗試，確認寶寶是否對哪一樣食材過敏，從低敏食材開始，隨著年齡嘗試到高敏食材。

❷ **一起來**：所有食材都任意嘗試，不需區分高敏或低敏，只要是食材都都可以給孩子嘗試。

你可以從孩子是否是高過敏體質來選擇食材嘗試的方式。

## 脹氣、腹瀉怎麼辦？

有些寶寶在開始嘗試副食品時，吃完後過一陣子會有哭鬧不休、無法順利小睡等現象發生，建議從食物開始檢查，像豆類、地瓜、芋頭、玉米、瓜類、高麗菜、洋蔥等都是易脹氣食材。拿掉或減少易脹氣的食材，並且多幫寶寶按摩肚子有助於舒緩。

有些寶寶吃副食品後會開始 1 天拉好多次便（5～7 次），拉到肛門都紅紅，表示寶寶吃到利便或過敏的食物，像南瓜、香蕉，通常腸胃較不好的小孩就會拉比較多次便，或是食材太過複雜引起腸胃無法承受時也會導致過敏或拉肚子，應停止該項副食品，並以清淡飲食為主（米泥、白粥）。

## 吃副食品要注意的事

當你信心滿滿開始要餵寶寶副食品時，要有心理準備小孩會不吃、嘴巴張開讓泥流出來等狀況發生，請別氣餒，要持之以恆，**寶寶慢慢就會接受**，並越吃越多，以下是你應該要注意的事：

❶ 一開始以 5 分鐘為限。

❷ 剛開始吃很少時，可以在**寶寶**喝完奶 1 個小時後，讓他先試吃幾口，如果失去耐心就立刻收起來。

❸ 用軟湯匙餵食。

❹ 不要挑在**寶寶最餓的時候餵**，**寶寶會**沒有耐心。

❺ 當每次餵副食品都有超過 30 毫升時，就將副食品移到正餐。可以選擇先餵奶再給副食品，或是先給副食品再餵奶。如果你是親餵母乳的媽媽，建議先餵奶再給副食品，如果是瓶餵或配方奶，建議先給副食品再餵奶。

❻ 初期副食品加奶的餵食時間不要超過 1 小時，等吃得習慣時，副食品餵食不超過半小時，加上奶也不要超過 1 小時。

❼ 初期 1 天 1 次，慢慢隨著寶寶的接受度或月齡增加為 1 天 2 次、1 天 3 次，你可以選在第 2、3、4 餐或第 1、2、4 餐餵食，後者為佳。

## ✿ 為什麼餵第 1、2、4 餐較佳？

隨著寶寶成長過程，副食品的量拉長餐與餐的距離，慢慢延後第 2 餐的時間，最後就會變成 1 天 3 餐。以鈞為例：

### ▶▶ 6 個月時

6 個月時，第 1 餐與第 2 餐間隔 4.5 小時，第 2 餐與第 3 餐間隔 4 小時，第 3 餐不餵飽只喝一點點奶，第 3 餐與第 4 餐間隔 2.5 小時。

### ⏰ 6 個月範例

|  | | |
|---|---|---|
| 10：00 | 起床第 1 餐 | 副食品＋奶 |
| 12：30～13：30 | 小睡 | |
| 14：30 | 第 2 餐 | 副食品＋奶 |
| 16：00～18：00 | 小睡 | |
| 18：30 | 第 3 餐 | 奶（不餵飽） |
| | 不睡或打瞌睡 | |
| 21：00 | 第 4 餐 | 副食品＋奶 |
| 22：00 | 上床睡覺 | |

第四章 ｜ 3〜6 個月：享受快樂育兒生活

### ▶▶ 7 個月時

7 個月時,第 1 餐與第 2 餐的間距為 5 小時,第 2 餐與第 3 餐距離為 5.5 小時。

**🕐 7 個月範例**

| | | |
|---|---|---|
| 10:00 | 起床第 1 餐 | 副食品＋奶 |
| 12:30～13:30 | 小睡 | |
| 15:00 | 第 2 餐 | 副食品＋奶 |
| 16:00～18:00 | 小睡 | |
| 20:30 | 第 3 餐 | 副食品＋奶 |
| 22:00 | 上床睡覺 | |

### 📢 如何判斷食物過敏?

過敏會全身起紅疹(不會只有單一部位),多數孩子會伴隨腹瀉,如果發現過敏,請立即停止該副食品,先暫停 1 個月後再嘗試,如果連續 3 次(3 個月)都過敏,則建議避免進食該項食材。濕疹和異位性皮膚炎很像,但異位性皮膚炎通常是對稱的,比方說兩邊手肘、兩邊膝蓋。

## 食物泥的製作方法

### ❀ 單一冰磚法

　　將食材每樣分別煮熟後,再用調理機加水打成泥,每樣分裝在一個分裝盒,在餵副食品前 1 小時再挑選幾樣冰磚倒入碗中,放入電鍋加熱。

**好處**　可以每餐都有不同口味,缺點是量少時還好處理,需要量大時打泥會打得很累、很耗時。

### ❀ 大鍋混煮法

　　將所有食材、米、湯全部放入同一鍋,放進電鍋蒸熟,再全部一起加水打成泥。

**好處**　時間節省很多,量大時,1 ～ 2 小時內就打泥打完,壞處是每餐的口味都一樣,沒辦法更換。我的習慣是 1 次做 3 ～ 7 天份,鈞剛好能夠接受每餐口味都相同,少數喜歡餐餐不同口味的寶寶可多做幾種不同的綜合泥。

### ❀ 各項食材分別蒸熟打泥,再按比例裝盒冷凍

　　有些媽媽想更仔細計算孩子吃了多少的蛋白質、蔬菜、澱粉、水果,會分別將此四類食材蒸熟後,分開打泥,再依分類按比例裝盒冷凍,1 餐 1 盒,這方式能確認孩子每餐都吃一樣比例的蛋白質、蔬菜、澱粉、水果。

## 先餵食物泥再餵奶，還是先餵奶再餵食物泥？

到底該選先泥後奶（先餵食物泥再餵奶）？還是先奶後泥（先餵奶再餵食物泥）？先奶後泥適用在餵母乳的寶寶身上，先餵奶能確保母乳能喝得更久，故先奶後泥的寶寶所吃的食物泥要更注意泥的內容物營養是否足夠；先泥後奶適用於配方奶的寶寶，而先泥後奶的孩子胃口也會比較大，因為泥會吃得更多。

先奶後泥的孩子在日後常會遇到一個窘境，約 6～7 個月時，多數孩子會開始厭食，常一口氣把奶喝飽，副食品接著吃很少，然而奶好消化易餓，熱量也比副食品低，漸漸作息會開始不穩、小睡提早醒、早上也提早起床，在先泥後奶（以泥為主、奶喝少）的孩子身上則不常見到這狀況。

## 10 個關於副食品的常見問題

**Q1** 老人家都說要 2 小時餵奶、2 小時餵粥（泥），不然會把胃撐壞？

固體食物與流質食物（奶）消化的速度不同，2 個小時餵奶、2 個小時餵副食品會造成寶寶一整天都不覺得餓，且一整天胃都沒有在休息。想讓寶寶慢慢增加食慾，減少厭食（奶）期的發生，最好的方法就是餐與餐有一定的間距，讓寶寶吃完一餐後能完整消化、在接近下一餐時會感覺餓，不過度頻密飲食。就像我常跟新手媽媽說的：「唯有曾感覺過飢餓，才能了解吃飽的美好。」

## Q2　什麼是 5 倍粥？10 倍粥？

指的是米和水的比例，用電鍋煮粥，1（米）：5（水）煮出來就是 5 倍粥，1（米）：10（水）煮出來就是 10 倍粥。

## Q3　混合食物泥好像餿水？

食物泥是由多種食材蒸熟後用調理機打成，能充分攝取各類營養素，好消化，對於剛學習吞嚥的寶寶能增進吃副食品的接受度，也能減輕寶寶腸胃的負擔、好吸收，通常吃食物泥的寶寶胃口會比較大。

## Q4　我很害怕小孩作息不穩，可是他就是不吃多一點，怎麼辦？

很多媽媽都會陷入一種食量的迷思，覺得寶寶應該要吃越多越好，多數媽媽問我的第一個問題是：「我的寶寶吃這個量不會太少嗎？」

每個寶寶的體質都不同，有些吸收力很好，吃很少一樣可以維持穩定的作息和體重，有些寶寶吸收力較差，吃多也不會胖，有些寶寶則食量非常大。

該怎麼判斷寶寶吃得不夠呢？每餐餵到寶寶不吃即可，不需要強迫小孩一定要全部吃完碗中的食物。

**Q5** 想從先餵奶再給食物泥，改成先給食物泥再餵奶，但寶寶不接受？

多數的寶寶會喜歡媽媽一開始給他的習慣，假設你一開始都是先餵奶再給副食品，等月齡較大，你希望寶寶能吃更多副食品，準備先吃副食品在餵奶，寶寶多數會排斥。

改善方法
1. 將奶和食物泥交叉餵，先讓寶寶喝一點奶再開始吃副食品。
2. 暫時將餐與餐的距離縮短，讓寶寶不會在很餓的狀況下有耐心先吃副食品，等習慣後再將時間拉長。

**Q6** 寶寶吃完副食品就不喝奶，或喝完奶就不吃副食品，怎麼辦？

寶寶剛接觸副食品時，有可能因為遇上厭奶期而吃完副食品就不再喝奶，或是習慣一口氣喝飽奶就不再吃副食品。如果寶寶是因為把奶喝飽不吃副食品，請你改成先吃副食品，15～30分後再喝奶，一餐要控制在1小時內結束或是減少奶量、增加副食品的量。

如果是厭食期，建議不要硬逼著喝奶，或是等寶寶睡著後再偷偷餵奶，月齡達3～4個月就能開始餵食副食品。

**Q7** 副食品和奶的比例該怎麼抓？

參考公式假設奶量是330毫升，每30毫升的泥等於60毫升的奶。假設該餐全部餵泥不餵奶，表示可以餵165毫升的副食品。

此公式建議參考即可，因為寶寶的食量變化很大，比方說厭奶時會一口奶都不喝，泥若不順口、太濃、太稀，或者長牙、生病等，都會導致食量減少，成長衝刺期食量會突飛猛進，變化因素很大，把握一個原則即可：餵到寶寶不願意再吃就停止。

### Q8 小孩只吃 3～4 餐，會不會太少？

不會，孩子會隨著自己的需求越吃越多，養成有固定飢餓循環的孩子反而吃得很好，媽媽也會隨著寶寶的食量將飲食間距拉長，確保寶寶的胃有好好消化食物。

一般食物在胃中完全消化平均需要 3～6 小時（不同的食物時間也不同），對於頻繁餵食的寶寶（2 小時吃 1 次副食品、2 小時喝 1 次奶）等於胃不停的在消化食物，造成胃很大的負擔，加上奶和副食品所需消化時間不同，在副食品尚未消化完全時，寶寶沒有胃口再喝奶，喝了奶後兩小時又沒有胃口再吃副食品，在惡性循環下胃口自然就會小且感受不到飢餓。

### Q9 不小心把食物泥打太稀怎麼辦？

如果不小心加太多水變得很稀，可以再加入白飯一起打成泥。

使用容易出水的食材（番茄、高麗菜、葉菜類等）又做比較多分量時，剛打好會覺得濃稠度剛剛好，但是分裝冷凍之後再加熱，就會變得很稀（水從泥中分離出來）。你可以加入米麥精調濃，或是先放冷藏退冰，泥和水會分離，把多餘的水擠出來。

### Q10 食物泥太黏怎麼辦？

使用白米的量太多時，泥很容易變得黏黏，多數的寶寶不喜歡黏稠的泥（不好吞嚥），建議減少白米的量，或是改用胚芽米、糙米。

## 3 帶寶寶外出

很多媽媽會抱怨規律作息根本無法帶小孩長時間外出，或是外出時根本無法睡覺（認床），天天只能待在家。

寶寶越小，出門就越痛苦，出門大包小包的。記得我在鈞 12 個月時，只為了聽一場演講，推著嬰兒車，車上放滿食物、尿布、衣服，手上再拎著一個費雪餐椅，回到家時，全身骨頭都快散掉。

建議 6 個月前採短暫出門（例如：出門吃個飯），6 個月到 1 歲間當天來回，1 歲至 1 歲半再長途出門多天，1 歲半後的寶寶不再認床，帶出門過夜就會很輕鬆。試想，6 個月前的寶寶認床，要怎麼帶出門呢？

### 外出時的吃

#### ❀ 國內旅行

平時將食物泥分裝冷凍，以一般微波器具盛裝（例如：樂扣盒），出門時使用保冰袋或車用小冰箱攜帶出門，假設你在台灣旅遊，可以跟超商借微波爐。

如果是長途旅行，只用保冰袋帶中午那餐，其他餐的冷凍食物泥寄到下榻的旅館，或直接用車用小冰箱載到目的地，再請旅館餐廳幫你加熱（建議出發前先詢問）。

從冰箱拿出分裝好的冷凍食物後，如放在室溫解凍超過5、6小時可能已經不衛生，不可再食用。細菌在常溫下會恢復活躍，建議出門不要帶溫熱的食物或放到中午後，以免食物腐敗。

　　記得隨身攜帶用分裝罐分裝的米粉、米麥精類，以防萬一所攜帶的食物泥寶寶不吃，還有其他可以應急。

**鈞媽育兒 TIPS**　你是否有這樣的經驗：用電鍋蒸好一碗粥後直接以電鍋保溫到晚上，結果整碗粥就臭酸了？這是因為你將食物擺在溫暖的環境中，葉菜類（例如：高麗菜）、肉類、瓜果類（例如：絲瓜）都是很容易腐敗的食物。

## ❀ 國外旅行

　　假如計畫國外旅行，可以準備食物泥冰磚，用保麗龍加保冷劑裝起來託運，另算好需要的餐數用保冷袋帶上飛機；再帶兩個保溫水壺，早上可以裝飯店的新鮮果汁；請飯店幫你加熱食物泥。要注意，國外的超商不一定有24小時營業，不是隨時都可以借到微波爐，米麥精或米粉也要帶著以防萬一。

　　假如你的寶寶夠大可以跟你一起吃桌上食物，也盡可能帶他平時吃的食物出國，不是每個國家的飲用水和食物都適合寶寶。日本比較例外，因為很多副食品調理包、罐頭，還有粉狀用水泡開的食物泥都是來自日本，這些產品在台灣都買得到，記得出國前要先給寶寶吃吃看，觀察接受度。

　　也可以選擇帶國內有做常溫寶寶食物的調理包或罐頭出國，只是記得出國前一定要先讓寶寶吃吃看，確認能接受調理包或罐頭口味。

## 為什麼自製副食品不易保存？

為什麼自己製作的食物放在常溫連 1 天都不到就腐敗，而調理包（常溫／冷凍）或罐頭卻能存放這麼久？

這是因為調理包或罐頭製作的過程中，經過真空、滅菌處理，包裝內並無可讓食物腐敗的細菌。當然，食品保存封裝是很複雜的技術，但請不用擔心，可以安心的給寶寶食用。

## 外出時的作息

如果是短途出門，你可以在第 1 段小睡結束後出門，第 2 段小睡則讓孩子歸途時睡在車上的安全座椅；也可以在第 1 段小睡開始時讓寶寶睡在車上，歸途時也讓寶寶在車上睡第 2 段小睡。

外出就是要好好玩，不需要太在意作息，何況有些狀況也不是能讓你選在寶寶清醒時出門（例如：打預防針）。

**鈞媽育兒 TIPS**

有了孩子，你也會希望寶寶能有健康的身體、晚上穩穩的睡，1 歲前如需要短途出門，也盡可能在孩子晚上睡覺時間到前趕回家、洗澡、睡覺。

尤其是 6 個月前的寶寶對環境的接受度較低，假如帶出門很多天，有可能回到家後開始亂鬧亂哭（太疲倦、刺激過大），導致作息大亂。等孩子長大後，這狀況就會改善，鈞 1 歲半後我們就常帶他到外面過夜、旅行。現在你覺得他睡多、認環境、認床造成你失去自由，以後你就會恨不得他睡多一點、安靜一點（長大後睡眠減少且很愛說話）。

## 外出時的睡

短途出門，你可以抱著或用親密背巾背著睡，會翻身後你可以讓他在嬰兒推車或安全座椅上睡。那麼出門過夜怎麼辦？

**方法 1** 出門時帶寶寶平時睡覺的物品，晚上保持一樣的睡前儀式。

**例如**

寶寶第 1 次住院時（4 個月），將醫院床布置得跟家裡一樣，不過 1 歲時住院需要先哄，想睡時再將他放在床上，媽媽身體輕靠在寶寶身上安撫他入睡。

**方法 2** 出門前 1 周先從小睡習慣睡在遊戲床，然後是晚上睡覺也漸漸習慣在遊戲床，這樣出門時帶著遊戲床就好。

**例如**

第 1 次帶寶寶出遠門玩的前 1 周，放一個遊戲床在寶寶嬰兒床的旁邊，小睡時間到就將寶寶放入遊戲床，玩到累再睡，過幾天後就讓寶寶晚上也睡在遊戲床，等出門時就直接帶遊戲床出門，晚上將寶寶放入遊戲床中睡，上面蓋一個大浴巾。

**方法 3** 通常有些飯店附有嬰兒床，記得洽詢飯店，把飯店嬰兒床布置得跟家裡一樣。

**方法 4** 讓寶寶睡在自己旁邊，用棉被圍起來，寶寶累了就會睡。

**方法 5** 哄睡。

1 歲半前，出門玩就是要盡興，就算哄睡也沒關係，不小心養成哄睡習慣，回家再重新教導自行入睡即可。況且**寶寶第一次出門的那個晚上一定會不好入眠**，因為他不習慣陌生的環境而驚恐不安。然而，**寶寶若常跟父母一起出門，就會漸漸適應**，慢慢習慣在外面跟爸媽一起睡。

## 外出時該怎麼搭交通工具？

### ❀ 外出時搭車

記得一定要讓孩子坐安全座椅，6 個月以下可以使用臥式的，6 個月後可以用朝前式的座椅。

可以在車內放寶寶喜歡的音樂、書籍、玩具等給他玩，吸引他的注意力，讓他有耐心坐完整個車程。

千萬不要因為寶寶哭鬧就用抱的，社會常見兒童車禍意外，多數是因為家長抱著小孩所導致。假設汽車是以車速 40 公里發生衝撞，10 公斤的寶寶會承受 3 百公斤的撞擊力（慣性作用導致）。

> **鈞媽育兒 TIPS**
>
> 「一開始鈞很討厭坐安全座椅，心情好時可以坐幾十分鐘，心情不好時整路都在哭，鈞爸每次都受不了而要我抱他，我會苦口婆心告訴先生：「交通突發意外很多，我們的孩子又只有一個，寧可讓他哭也要避免意外。」
>
> 堅持一段時間後，慢慢鈞就不再哭了。等鈞較大後，我常告訴他的話就是：「上車要坐在高高的椅子綁安全帶，爸爸媽媽也有綁！這樣爸爸煞車時，你才不會飛到前面撞到玻璃，會流血痛痛的。」

### ✿ 出國時搭飛機

如果孩子月齡較大,想帶到國外玩,可以考慮以下方式:

❶ 減少寶寶夜晚睡覺時間,剩下挪到飛機上去睡。

❷ 飛機起飛或降落時,可以餵奶讓寶寶降低氣壓變化造成的不適。

❸ 帶足米餅、玩具,並善用飛機上的影片給寶寶看。

如果是長途飛航,會建議可以帶一些小禮物給四周的乘客,請他們多包涵寶寶的哭鬧。

## 2 個帶寶寶出門的問題

**Q1** 如果小孩趴睡才睡得著,出門該怎麼辦?

這只是過渡階段,當他還不習慣在手推車或外面睡時,媽媽可以用親密背巾背著或抱著睡,等到寶寶翻身自如時,就會慢慢習慣在手推車仰著睡或在安全座椅上睡。

**鈞媽育兒 TIPS**

習慣的養成很重要,比方說當孩子習慣不靠媽媽奶睡或搖哄自然累了就會睡。對孩子而言,自行入睡是他的習慣,反而不習慣被哄睡,也許外出會因為沒有在習慣的床睡而哭鬧。有些媽媽會抱怨:外出沒辦法靠哄或奶嘴真的很麻煩,但隨著寶寶長大,會發現很早習慣自行入睡的孩子,睡眠品質會很穩,也因為會翻身,外出反而怎麼睡都可以,累了靠在椅子就自己睡著。月齡小的時候外出偶爾哄睡,並不會養成孩子的習慣,故外出偶爾哄睡是可以的。

**Q2** 寶寶剛剛在車上已經睡過，回到家時小睡時間還沒結束怎麼辦？

　　沒關係，假如回到家放上床，他還願意睡就繼續給他睡，如果不願意，就陪他清醒的玩，晚上早點上床睡覺再補回來就好。

## 第五章

### 6～9個月
### 教養從現在開始

## 1　6～9個月的作息調整

6個月開始，照顧寶寶會更得心應手，寶寶白天也開始醒的時間變多，教養、手語、餐桌禮儀等，都能開始在清醒時間教給孩子，為他建立起好的家庭生活習慣。

這時作息上從黃昏到晚上會是需要清醒的，這樣才能晚上上床後快速睡著，你可以在這段時間安排寶寶洗澡、陪玩、吃晚餐，爸爸多數也會在這段時間在家，也可以請他幫忙照顧小孩。

有規律作息的孩子，睡眠時間減少的速度會比沒有規律作息的寶寶來得慢，沒有規律作息往往還不到 5 個月就只剩下 2 段小睡。

### 6～9個月調整重點

#### ❀ 寶寶睡眠總數

6個月後的寶寶每日睡眠時數平均約 15 小時左右（視孩子個人差異而定）。

下面二個範例表是時數的總計，實際安排可以先觀察寶寶，再詳細規劃寶寶專屬的作息表。

## ⏰ 6～9 個月作息範例 ❶

| | 6 個月 | 7～9 個月 |
|---|---|---|
| 第 1 段小睡 | 1.5～2 小時 | 1.5 或 2 小時 |
| | + | + |
| 第 2 段小睡 | 1.5～2 小時 | 2 或 1.5 小時 |
| | + | + |
| 第 3 段小睡 | 0～30 分 | 0 分 |
| | + | + |
| 夜晚長睡眠 | 12 小時 | 12 小時 |
| 平均睡眠時間 | 15～16 小時 | 15～16 小時 |

## ⏰ 6～9 個月作息範例 ❷

| | 6 個月 | 7～9 個月 |
|---|---|---|
| 第 1 段小睡 | 2 小時 | 2 小時 |
| | + | + |
| 第 2 段小睡 | 2 小時 | 2 小時 |
| | + | + |
| 第 3 段小睡 | 30～60 分 | 0 分 |
| | + | + |
| 夜晚長睡眠 | 10～11 小時 | 10～11 小時 |
| 平均睡眠時間 | 15～16 小時 | 14～16 小時 |

## ❀ 優先刪減第 3 段小睡時間

　　6～7 個月間，逐步刪減第 3 段小睡時間，寶寶開始一定會不習慣，不停的想睡，假如開始想睡，要轉移他的注意力，不小心睡著的話，讓他睡 10～30 分左右就要叫醒他，慢慢他就會習慣這段時間都是清醒的。

## ❀ 作息的安排

　　6～9 個月時，睡眠總數會越來越接近 15 小時（視個體差異）。

- 安排作息的訣竅是先固定晚上上床的時間，接著在睡前讓寶寶清醒 3～4 小時（最後 4 段小睡不能睡），接著往前排作息。
- 白天起床到下一次小睡間隔 2～2.5 小時。
- 整天作息改成飲食——清醒——睡覺——清醒的循環（不再是飲食——清醒——睡覺）。
- 假設晚上長睡眠為 12 小時，白天總睡眠數為 3～4 小時；晚上長睡眠睡 10～11 小時，白天總睡眠數為 4～5 小時。

### ⏰ 2 段小睡作息範例

| 7：00 | 起床 |
|---|---|
| （間隔 2～2.5 小時） ||
| 第 1 段小睡 ||
| （間隔 2～2.5 小時） ||
| 第 2 段小睡 ||
| （間隔 3～4 小時保持清醒） ||
| 19：00 | 上床睡覺 |

## ❀ 刪減小睡,循序漸進改變作息

刪減第 3 段小睡後,第 3 段就不再需要睡覺,白天只有 2 次小睡。寶寶在沒有第 3 段小睡的情形下,什麼狀況該再開始調整／刪減白天小睡時間?以下情形都是孩子在提醒媽媽:白天的睡眠時數可以再減少一些。

### 需再調整／刪減白天小睡時間的徵兆

❶ 上床睡覺時都要滾很久才睡著。

❷ 早上提早起床,第 1 段小睡睡到時間結束、第 2 段小睡提早起床。

❸ 第 1 段小睡提早起床、第 2 段小睡睡到時間結束、晚上上床滾很久才能入睡。

接著孩子會繼續減少睡眠時數(接近兩歲時,1 天睡眠時數會接近 12 小時),到那時候,白天只需要睡 1 段小睡。你可以開始思考 1 歲 3 個月後,媽媽該安排寶寶睡在白天的哪個時段?根據以下觀察寶寶所呈現的睡眠習慣及家裡習慣,作為後續規劃／調整作息的依據:

### 寶寶白天小睡時段

**範例 1 ▶▶ 寶寶第 1 段睡眠都睡很穩**

7～9 個月時,確認寶寶在第 1 段都睡很穩時,開始刪減第 2 段小睡,每天刪減一些,最後調整成:

▶▶ 晚上睡 12 小時,早上睡 2 小時,下午睡 1.5 小時。

▶▶ 晚上睡 10～11 小時,早上和下午各 2 小時。

**結果**:1 歲 3 個月後,你就能讓寶寶睡午覺 2 小時或早上連睡 3 小時。

> 範例 2 ▶▶ 寶寶第 2 段睡眠都很穩

你可以在 7～9 個月時，確認寶寶在第 2 段都睡很穩時，開始刪減第 1 段小睡，每天刪減一點，最後調整成：

▶▶ 晚上睡 12 小時，早上睡 1.5 小時，下午睡 2 小時。

▶▶ 晚上睡 10～11 小時，早上和下午各 2 小時。

結果：1 歲 3 個月後，你能讓寶寶睡下午或刪減第 1 段小睡，只睡第 2 段。

## ❁ 何時可以再刪去 1 餐（變成 1 日 3 餐）？

從睡過夜到延長睡眠後，1 天只剩下 4 餐，寶寶的食量會逐月慢慢增加，副食品越吃越多，奶逐漸越喝越少，在 1 歲後將副食品轉成主食品，並在 1 歲後跟家庭一起吃 3 餐。而寶寶在 6～9 個月時，會發出什麼訊息表示他可以改成 3 餐呢？

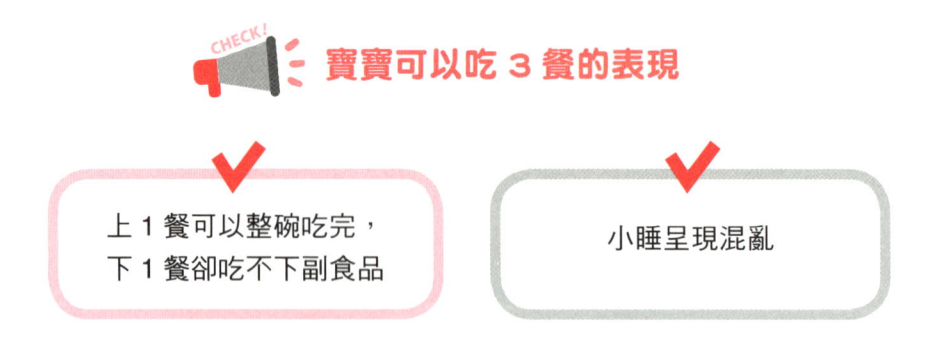

**CHECK! 寶寶可以吃 3 餐的表現**

✓ 上 1 餐可以整碗吃完，下 1 餐卻吃不下副食品

✓ 小睡呈現混亂

**訊息 1　上 1 餐可以整碗吃完，下 1 餐卻吃不下副食品**：寶寶食量變大，需要更長的時間消化胃中的食物，必須拉長 2 餐的距離才能在下 1 餐讓寶寶有食慾吃飯。

**訊息 2　小睡呈現混亂**：在睡眠上，早上越來越早起床，而且有時第 1 段小睡提早起床、有時又是第 2 段小睡提早起床、有時又是所有小睡都提早起床，這與作息無關，表示餐與餐的距離太近，寶寶肚子不餓，吃下去的量太少，須拉長餐與餐的距離，或是飲食內容過於偏重喝奶，副食品吃太少，容易飢餓，需要調整兩者比重才能改善。

## ✿ 延長餐與餐間距的方法

為了讓寶寶慢慢增加食量，你可以從 4.5 小時開始延長餐與餐的距離，慢慢延長到 1 天剩下 3 餐。有些媽媽是直接從 4 小時拉長為 5～6 小時，我則是用慢慢延長的方法，當寶寶 1 天只剩下 3 餐時，餐與餐最佳的間隔為 5.5 小時。

該如何延長呢？原本寶寶是 4 小時 4 餐，1 天共 4 餐，首先拉長第 1 餐和第 2 餐間距 4.5 小時（3 餐＋1 點心），等寶寶習慣後再延長為 5～6 小時 1 餐，1 天共 3 餐，如以下的範例。

### 🕰 拉長用餐時間的作息範例

STEP ❶ 原本為 4 小時 1 餐，共 4 餐。

| 7：00 | 第 1 餐 |
|---|---|
| （間隔 4 小時） ||
| 11：00 | 第 2 餐 |
| （間隔 4 小時） ||
| 15：00 | 第 3 餐 |
| （間隔 4 小時） ||
| 19：00 | 第 4 餐 |

**STEP ❷** 首先拉長第 1 餐和第 2 餐的間距為 4.5 時 1 餐共 3 餐＋1 點心。

| | |
|---|---|
| 7：00 | 第 1 餐 |
| （間隔 4.5 小時） ||
| 11：30 | 第 2 餐 |
| （間隔 4 小時） ||
| 15：30 | 點心 |
| （間隔 2.5 小時） ||
| 18：00 | 第 3 餐 |

**STEP ❸** 最後再 1 次延長為 5～6 小時 1 餐，共 3 餐（最佳每餐間隔為 5.5 小時）。

| | |
|---|---|
| 7：00 | 第 1 餐 |
| （間隔 5.5 小時） ||
| 12：30 | 第 2 餐 |
| （間隔 5.5 小時） ||
| 18：00 | 第 3 餐 |

## ❁ 改 3 餐的合適月齡？

每個寶寶改 3 餐的月齡都不一樣，沒有所謂合適的月齡，有些 4、5 個月已經 3 餐，有些寶寶直到快 1 歲都還沒有改 3 餐，要依媽媽觀察寶寶表現出來的狀況和時機改 3 餐，但是可以大致歸納出：

**狀況 1　食量越大的寶寶可以較晚改 3 餐**：因為食量大，熱量攝取足，媽媽並不需要急著改 3 餐，除非出現上一餐吃很好，下一餐吃不下的情形。

**狀況 2　食量越小的寶寶需要較早改 3 餐**：因為食量少，熱量攝取少，建議用慢慢拉長餐與餐距離的方式，讓孩子慢慢吃多一點。

> **鈞媽育兒 TIPS**
> 不管寶寶是否已經出現可以改 3 餐的訊息，多數的媽媽基於害怕寶寶會變瘦、餓到，會避免替寶寶改成 3 餐，但是你越不改 3 餐，往往寶寶作息會越來越亂、食量忽大忽小，並非明智之舉。

## ❁ 寶寶吃好睡好的作息訣竅

有媽媽問，在調整作息上，除了注意白天小睡時數、每段小睡的間距、餐與餐的間隔，還需要注意什麼呢？最後還需要注意小睡和飲食之間的間距。以下是小睡和飲食的間距注意要點：

**要點 1　早餐需要吃副食品，吃少一點也沒關係**：多數的媽媽不習慣比寶寶早起一點點，起床後快速泡（熱）完奶給寶寶喝就當成一餐。然而，奶對於月齡較大的寶寶就像在喝飲料一樣，很快就餓，建議媽媽早餐不管吃多或吃少，都還是要給寶寶吃副食品。

**要點 2　中餐離第 2 段小睡最佳間距為吃完後 1 小時上床睡覺**：寶寶吃完、休息一下，這時胃開始消化澱粉，血糖上升，可以幫助寶寶更快入睡，且小睡睡更穩。

**要點 3** 晚餐跟大人錯開時間吃，寶寶的晚餐跟睡前間距為 1～2 小時：
晚餐需要確實吃飽，才能穩穩睡到隔天早上，假設晚餐距離睡前超過 3 小時，會變成寶寶需要超過 14～15 小時不進食，對於寶寶而言確實很勉強，必定會提早起床並感到飢餓。另外，晚餐距離睡前較近也可以順利的刪減／減少喝睡前奶，讓他休息、讓腸胃稍微消化食物、刷牙後才睡覺，而非肚子裝滿奶睡覺。

**鈞媽育兒 TIPS**

建議 1 歲前讓寶寶吃飯時間和大人錯開，這樣做除了能讓孩子專心吃飯，也不會跟大人要餐桌上的重鹹食物吃。洗完澡、吃飽飯休息後上床睡覺，通常能讓睡眠更安穩。

由於我家是大家庭，我選擇在房間安靜的餵鈞吃飯，也比較不受到長輩的干預。

## 案例 1

▶▶ **寶寶第 2 段小睡一直睡不穩，怎麼辦？**

小培在 5 個月的作息時，往往第 2 段小睡都睡不沉也睡不到時間到，原因是 1 天 4 餐的食量較小，第 2 餐到 14：00 的距離已經接近肚子餓。6 個月時，媽媽決定改 3 餐後，吃飯距離拉長，食量會慢慢增大，且吃完後 1 小時睡覺，藉助血液流向消化器官、血糖上升的力量，讓小睡更穩。

## 🔔 原本作息

| 6：00 | 第 1 餐 |
|---|---|
| 7：30～10：00 | 小睡 |
| 10：00 | 第 2 餐 |
| 12：00～14：00 | 小睡 |
| 14：00 | 第 3 餐 |
| 16：00～17：00 | 小睡 |
| 18：00 | 第 4 餐 |
| 19：00 | 上床睡覺 |

▼

## 🔔 調整後作息

**後來改成以下作息而獲得改善：**

| 6：00 | 第 1 餐 |
|---|---|
| 8：00～10：00 | 小睡 |
| 11：30 | 第 2 餐 |
| 12：30～14：30 | 小睡 |
| 17：00 | 第 3 餐 |
| 18：00～19：00 | 上床睡覺 |

第五章 ｜ 6～9 個月：教養從現在開始

## 案例 2

▶▶ **跟大人一起吃晚餐**

小又 6 個月開始跟大人同個時間吃晚飯，媽媽卻把寶寶作息訂得很晚，如果勉強跟大人一起吃晚餐，吃完晚餐到隔天就需要間隔 15 小時才能吃到早餐，食量小的寶寶體力撐不了那麼久，就容易每天越來越早起床，建議 1 歲前晚餐離睡前不要超過兩小時。

### 🕰 原本作息

|  |  |
|---|---|
| 10：00 | 第 1 餐 |
| 12：00～14：00 | 小睡 |
| 14：30 | 第 2 餐 |
| 17：00～19：00 | 小睡 |
| 19：00 | 第 3 餐 晚餐 |
| 23：00 | 上床睡覺 |

### 🕰 調整後作息

後來更改為以下作息才改善：

|  |  |
|---|---|
| 10：00 | 第 1 餐 |
| 12：00～14：00 | 小睡 |
| 15：30 | 第 2 餐 |
| 17：00～19：00 | 小睡 |
| 21：00 | 第 3 餐 晚餐 |
| 23：00 | 上床睡覺 |

## 需要注意的教養問題

### ❀ 行為發展的問題

**問題 1　喝水嗆到**：很多習慣喝配方奶的寶寶喝白開水容易嗆到，因為他習慣吞嚥較濃稠的液體，這是正常，只要在白開水中加點果汁、豆漿，讓液體變濃稠就能順利喝。

**問題 2　站起來蹲不下去**：寶寶會坐起來後，接著就會扶著嬰兒床站起來，卻發現自己坐不下去而哇哇大哭，你幫他坐下去後，他又鍥而不捨試到疲累為止，媽媽也會為了幫他坐下而疲憊不已，建議你放手不理他，讓他自己想辦法，讓他自己練習才能更快學會站起來再蹲下去的動作。

### ❀ 習慣規律作息卻突然不願意入睡或半夜起來哭

寶寶不是機器人，在日常生活中總有許多意外發生，3～4 天後就形成新的習慣，而往往這習慣並不是好的，也就是意外教養。該如何幫寶寶更改回原來的習慣呢？

**舉例**

> 長輩到家裡，哄睡小孩幾天後又離開，習慣哄睡的孩子不願意再自己睡覺。遇到這情形時，多數人會告訴你：再讓他哭一哭入睡，再訓練一次就好。

★ 當孩子不再願意自己睡時，首先要排除以下問題：

- ✓ 作息是否已經做過調整？不要要求孩子有過多的睡眠時間，常見的例子就是孩子應該要刪掉一段小睡、延後或縮短小睡，但是母親捨不得自己的休息時間又縮短，一直遲遲不更改作息，結果小孩一直都在床上睡不著。

> **鈞媽育兒 TIPS**
>
> Zoe 7 個多月以前每晚上床後都能快速睡著，有一天卻突然改變，要在床上玩 1 個小時才願意入睡，Zoe 媽媽打電話跟我求救，經過分析作息後才發現，當時 Zoe 媽媽肚子裡懷了二寶，常常想睡覺，當 Zoe 小睡時，她也會陪著一起睡，如果 Zoe 沒有睡第 3 段小睡，媽媽也沒辦法小瞇一下。在媽媽不願意刪掉第 3 段小睡的情形下，Zoe 自然不夠累，晚上也無法快速入睡。

- 硬要咀嚼能力尚未成熟的寶寶吃粥或飯，反而吃不多，吃不飽又提早餓，自然小睡必定會因為肚子餓提早起床哭泣。

- 食物熱量不足，缺少澱粉或蛋白質，消化快而提早餓。

- 晚餐太早吃，距離睡前超過兩小時，無法睡到隔天早上就肚子餓。

- 太冷太熱，睡得很不舒服。

- 長牙、生病——月齡小的時候可以介入安撫，6 個月後可以先觀察一下再決定要不要安撫。

- 分離焦慮症（請見 p. 215「幫助寶寶度過分離焦慮」）。

## ❁ 遇到睡眠狀況時的教養問題

很多人譏笑讓孩子早早學會自行入睡，結果還不是遇到狀況又要重新訓練，不如一開始就奶睡或哄睡。不是這樣！孩子 6 個月後，個性會開始明顯呈現出來，每個母親在孩子 6 個月後，都會遇到生活中的意外狀況、孩子的抗拒、挑戰、任性等問題。

日常生活中發生問題，孩子大哭大鬧時，你有兩個選擇：❶ 讓他予取予求，反正他年紀小都不懂；❷ 判斷這行為該溫和轉移注意力或拒絕他任性的要求。

相信多數的母親都選擇後者,「需索無度的愛不是愛,是溺愛」,孩子需要學習面對生活中的問題(不是任何事物都順著孩子的心意)、學習情緒控制(不是哭鬧就能獲得),以及母親也需要誠實面對自己的感受。

**重點** 你要有個觀念:孩子已經「懂得自行入睡,只是不願意」,用教養和行動來教導孩子,雖然小孩會哭,但母親還是堅定幫助他回到原先的生活習慣。

## 幫助寶寶睡眠回到常軌的方法

**方法 1　半夜定時起床哭:**

我輔導過的案例中以這個居多,好發於會自行入睡後的寶寶,在睡後 1～2 個小時發生。可能在某個意外(被吵醒等)清醒的哭,母親「立刻」進去安慰／餵奶 1 次、2 次、3 次到孩子習慣「那個時間就起來哭」,或是某個聲響都是固定發生在寶寶睡覺時的某個時間點。可以採行的解決方式有:

❶ 觀察狀況,用監視器或偷偷躲起來聽孩子哭一哭後再入睡,注意是否有意外發生即可。

❷ 等 10 分鐘後,站在門外(不進去),用「命令」的口吻說:躺(趴)下、不哭、睡覺,重複到睡著為止,孩子聽得懂媽媽說的話後,用這招效果會明顯。這單純只是孩子的生理時鐘被母親／意外過度介入而定時,生理時鐘被調整成「那個時間就會醒來哭」且等候母親進來安慰／餵奶後再行入睡。把它調整回來即可。

**方法 2**　早上提早起床哭，睡不到第 1 餐：

　　寶寶由於腦神經較活躍，半夜爬起來玩很正常，不需理會，讓他玩一玩再自己睡回去就好。有時候寶寶會太無聊哭起來，媽媽急著想用餵奶制止寶寶的哭聲，3～7 天後便養成新習慣。幫寶寶調整的方法即是不再回應哭聲和餵奶，約 3～7 天會再更改回來。

**鈞媽育兒 TIPS**

　　孩子是聰明的，多數的孩子只要看到媽媽在，就會哭得更久更激烈，希望媽媽妥協，反而媽媽一離開，孩子就會乖乖睡覺。

　　Zoe 的媽媽有次打電話問我，為什麼孩子晚上睡著後 1 小時就會起床大哭，我詢問 Zoe 媽媽：你有沒有在那個時間點進入房間吵醒小孩？Zoe 的媽媽說沒有。後來發現，Zoe 媽媽習慣在小孩睡著後放音樂，音樂播放後一小時會有高音出現，就吵醒小孩，慢慢變成習慣該時間醒來，後來不再放音樂後，即獲得改善。

**方法 3**　怕黑不想關燈睡：

　　孩子會恐懼黑暗、討厭房門被關起來，可以在房間點一盞小燈，將門開一個縫或打開。白天可以跟孩子解釋他害怕的事物，使用譬喻的方法：

- 臉被毛巾蓋住會暗暗，可是拿開媽媽就在旁邊，黑暗並不可怕。

- 媽媽好累也需要睡覺（誠實告訴他媽媽的感受）。

- 會走路後，也能常常帶他從自己的房間走到媽媽的房間，藉此告訴他，媽媽並沒有離開。

- 有些寶寶床上使用蚊帳也能增加安全感。

- 如果 1 歲後已經學習看時鐘，你可以教他當短針指這裡就是要睡覺，指這裡就是要起床。

方法 4 　無解的睡眠問題：

❶ 夜驚：好發於 7 歲以下的孩子，會發生在上半夜，尤其是睡後 2 小時，通常都是閉眼狂哭尖叫直到叫醒他為止，或是閉著眼哭一哭後，被大人叫醒繼續哭。母親以為是定時起來哭並積極介入安撫，導致狀況越來越嚴重。這時不需馬上叫醒孩子，如果擔心可以站在旁邊或用監視器看，孩子會慢慢冷靜下來又繼續睡，這類狀況跟夢遊一樣，而且只是過渡時期的睡眠障礙，過一段時間自然會停止，不必擔心，除非嚴重才需要看醫生。傍晚後就不要讓孩子玩得太瘋，盡量從事靜態的活動。

❷ 做惡夢：發生在下半夜，孩子會醒來狂哭，母親必須立即介入安撫，等到白天時多抱抱孩子、陪著他玩，跟孩子一起面對和度過惡夢的狀況。

如果不是以上的原因，假設孩子已經很睏又鬧得不想睡、只想玩，建議還是走出房門堅定的請孩子哭到睡著。

**鈞媽育兒 TIPS**

害怕黑暗多數會發生在 1 歲後，1 歲前發生的機率較低。為了減低寶寶產生不安感的機會，床上放一些他喜歡的玩具、安撫玩偶，也可以放有媽媽味道的小毛巾、衣服等。像鈞約 6、7 個月會爬開始，每天自己都會挑喜歡的玩具放入小床陪睡（他會拿喜歡的玩具從欄杆細縫放進去），而鈞如果半夜清醒，也會玩玩具玩到睡著。

第五章｜6～9 個月：教養從現在開始

## 2 個調整作息的常見問題

### Q1 吃飯時間和睡覺時間這麼接近，不會消化不良嗎？

鈞吃食物泥和奶的速度非常快，我將吃飯時間安排在睡前 1 小時，食物泥加上奶只需 10 ～ 15 分鐘就吃完，剩下 45 ～ 50 分鐘會在餐椅上休息一下、玩一下才睡覺，有充分休息，也利用血糖上升的力量讓鈞好眠。假如你的寶寶吃飯速度非常慢，可以將吃飯時間再提前 30 分鐘～ 1 小時，離睡前 1 個半小時～ 2 小時。

### Q2 為什麼寶寶改吃三餐後都沒有安排喝睡前奶？

在台灣，媽媽無論寶寶年紀多大，通常都會在睡前給寶寶喝一瓶奶，接著立刻上床睡覺。6 個月時，多數的寶寶開始長出第一顆牙，喝完奶建議要刷牙，將晚餐（副食品和奶）安排在睡前 1 ～ 2 小時，媽媽能好好幫孩子刷牙，而非喝完睡前奶就立刻去睡。媽媽若無幫寶寶刷牙，容易造成齲齒。在我接觸過的個案中，常有喝完配方奶立刻上床睡覺，配方奶較不好消化，且喝完立刻上床，會造成睡後 1 ～ 2 小時寶寶感到腸胃不舒服而醒來哭鬧。

## 2. 厭食或厭奶——不吃該怎麼辦？

6個月是厭奶／厭食的另一個高峰期，本來累積已久的嬰兒肥在這時段消失，讓媽媽很煩惱。你會嘗試非常多的方法，甚至用罵、餓、打小孩，買市面上各種號稱能開胃的健康食品或益生菌，但這都不是解決之道，必須先回過頭檢查寶寶的食物、身體健康出了哪些問題。

### 食物泥的問題

#### ❀ 泥的食材太複雜

可以理解你想給寶寶各式各樣的營養，只要願意吃，任何食材都願意買、不管怎麼貴都買，每餐製作成本超過上百元的大有人在。不過，請檢視一下你是否正在做恐怖口味的巫婆泥！

例如：有位媽媽的材料如下：雞肉、蛋黃、米豆、兩樣綠色蔬菜、南瓜、紅蘿蔔、高麗菜、豌豆、香蕉、糙米。超級豐富！可是問題卻很多，食材用太多是一個問題，如同太多顏色調和在一起會變黑色、太多食物混在一起則不好吃一樣。你希望給寶寶越多營養越好，卻往往忽略做

**重點**：越單調越好，平時挑選4～5樣食材，以上述例子為例，可改成雞肉、南瓜、白米、高麗菜，如果怕寶寶沒有攝取各類營養，建議可以多做兩種混合泥，每餐替換吃。

出來的食物是否能美味;再者,一般家庭主婦買的菜如果沒有一次用完,放著壞掉會感到可惜,所以很多媽媽會習慣將所有材料一口氣蒸熟打泥,如上例中很容易將南瓜和蔬菜放過多(蔬果體積較大),南瓜利便、纖維質太高,便便次數變多;米豆容易脹氣,而做完泥後蔬果分量占的比例很高,變成每天攝取到的動物性蛋白質和澱粉就會大量減少,寶寶很有可能不愛吃。

**鈞媽育兒 TIPS**

我的作法是要煮之前,先把生的蔬果肉類秤過,米要以白飯的重量計,比例為澱粉 2／4,蛋白質 1／4,蔬菜和水果 1／4,肉類依寶寶的體重計算,每 1 公斤 1 天所需為 8 克,1 天上限不超過 150 克,避免如上例中光是蔬菜就有 6 種之多。

## 鈞媽的食物泥搭配範例

|  | 比例 | 用的種類 | 1 日最高量 |
| --- | --- | --- | --- |
| 澱粉 | 2／4 | 米或搭配澱粉含量高的根莖類 |  |
| 蛋白質 | 1／4 | 1～2 種,植物性、動物性蛋白質 | 肉類最高不能超過 150g |
| 蔬菜+水果 | 1／4 | 各 1 種 |  |

**鈞媽育兒 TIPS**

澱粉提供熱量,吃進體內能轉化為醣類,根據人體需求,約有 40%～50% 比例的熱量為澱粉提供。華人社會還是以米飯為澱粉主要供應來源,故建議澱粉要占一餐中的一半。

## ✿ 泥的濃度

寶寶開始接觸泥時建議先較稀，這時候的寶寶還在練習吞嚥，較稀的泥可以幫助他更快進入狀況。慢慢提高泥的濃度，持續加濃直到他喜歡的那個濃度。

> **重點**　太濃會讓1歲前的孩子難以吞嚥進而拒吃，太稀會讓媽媽難以餵食。泥比較濃，寶寶吃的量會比較少；泥比較稀，相對吃的量就較多。

**鈞媽育兒 TIPS**
食物泥中的水分有助於排便順利，有很多媽媽都怕食物泥加太多水會不營養，拚命把泥變濃，造成吞嚥不易。也有媽媽常擔心寶寶是不是吃太少，聽到誰誰誰的小孩吃到5百毫升或8百毫升，就覺得自己的小孩吃太少。跟他人比較不是好習慣，每個寶寶會受到泥的濃度或身體狀況吃多或吃少。要有一個觀念：吃得剛好才是健康，並不是吃越多就越好。

## ✿ 泥的溫度

有的孩子愛吃冷一點，有得孩子要吃溫，或燙的不吃。你可以在餵孩子之前自己先吃一口，慢慢記錄小孩喜歡吃哪種溫度，像鈞是個超級貓舌頭，比較溫一點就完全不吃。

## ✿ 泥的甜度

習慣是後天養成的，很多媽媽一開始就給很甜的食物泥，選很甜的米精或很多香蕉加入食物泥，習慣那種甜度後，就會變成非得每餐都弄得很甜。建議一開始先給予食物的原味，用蔬菜的甜味打泥，不要一股腦加很多水果，降低甜度反而可以吃得更多，太甜會膩，膩反而吃不多。

如果你已經餐餐食物泥都很甜（加水果），小孩也非甜不吃，可以試著慢慢減少水果，改用甜度較高的蔬菜（南瓜、地瓜）取代。

## CHECK! 吃甜或加很甜的水果是不是不好？

孩子味蕾完全成熟是 2 歲，慢慢長大成人後，最先退化的味覺是「甜」，我們都隨著年紀越大越不愛吃甜。根據科學實驗，老人會比年輕時甜味敏感度降低 7 倍。寶寶喜歡吃甜是自然的，不用太擔心，只要注意別吃色素、太甜太鹹（會養成重口味且對身體不健康）就好。

### ❀ 泥的口感

月齡越小，越要注意泥是不是有打得滑順綿密，寶寶只用吞，非常需要這樣的滑順度，用調理機打時要記得拉長打泥的時間。約 10 個月後會漸漸喜歡有口感的泥（視咀嚼發展程度而定），你可以改回調理棒打泥，讓泥不再那麼綿密且有細小顆粒。

**鈞媽育兒 TIPS**　泥的綿密度或是粥有沒有煮到化開，用眼睛判斷會判斷錯誤，看起來好像有米粒化開，其實沒有，建議直接挖一口吞吞看，如果你吞得很順利，表示小孩也行。

## 身體因素導致的食慾不佳

### ❀ 長牙或生病

長牙會導致牙齦疼痛無法咀嚼。當孩子不吃時，記得首先扒開他的牙齒查看有沒有小白點，生病如果是鼻塞、流鼻水、喉嚨痛，不要勉強他吃，可以將食物泥打得更稀，用喝的，或多喝流質液體。如果能保持 3～4 餐，可以按平日規律飲食，如果真的吃不下，可以等他餓了再餵，不用拘泥餐數、食量，等恢復健康後再調整回來。

### ❀ 餵食間距應該要拉長

食量會隨著月齡越來越大，當你發現這餐餵完，下一餐寶寶完全不餓不想吃時，可從間隔 4.5、5、5.5 小時開始拉長，最長的間隔為 6 小時。

### ❀ 太餓、太累

太餓，會讓寶寶無法接受慢慢一口一口餵，只想快速用喝奶的方式喝飽；太累，會一直想睡覺不想吃東西。若發生以上狀況時，請調整飲食或睡眠的間距，並給孩子多睡一點時間。

## 案例 1

### ▶▶ 太餓

小莉的孩子「小少爺」，出生後食量很大，到了 7 個月時，因為小少爺愛吃不吃，小莉就順勢改成 3 餐。一開始的確餓到狂吃，但是食量卻增加緩慢，且一直是過餓狀態，不管媽媽堅持多久，每到吃飯時間就是狂哭堅持要先喝奶，媽媽堅持一定要先餵食物泥，兩相拉鋸後，母子勉強一邊餵奶一邊吃泥。小莉也試過 3 餐加 1 餐點心、讓他餓、食物泥打稀、堅持先吃泥等方式，卻持續惡化到 9 個月時，小少爺只要看到碗就大哭，最後求助於我。

我建議小莉改回 1 天 4 餐，3 餐吃泥，1 餐純喝奶，雖然吃的食量變小，卻有改善，雖看到碗就哭，也能好好的吃完一餐。

## 案例 2

▶▶ **太累**

小如的寶寶直到 3 個多月都戒不掉第 5 餐，她聽從老人家的建議最後 1 次小睡不給寶寶睡，導致喝奶時間到，寶寶已經過累到無法喝太多奶，晚上就一定還會起來喝奶。

建議可以抱在手上讓寶寶睡一下（不用擔心一次的抱睡就讓寶寶習慣），睡約 30 分鐘在叫起來喝奶。

### ❀ 缺乏鐵質

餵母奶的媽媽平時要多注意攝取鐵、鈣、維生素 D，如忽略，6 個月後的寶寶很容易就會缺乏這些營養，寶寶缺乏鐵質容易造成不明原因的厭食。身體對一般食物鐵質的吸收率僅有 1%～22%，不注意就會很容易沒有攝取足夠鐵質，建議多食用鐵質高的食物，如豬肝、牛肉、蛋黃、菠菜、黑芝麻等。

**鈞媽育兒 TIPS**

質比量更重要。我接觸諸多的個案中，媽媽幾乎都在追求寶寶吃的量，也不乏只為了讓寶寶多吃 30 毫升，就耗了 30 多分鐘，其實食物泥的質比量更重要，尤其是愛喝奶（或先喝奶後吃食物泥）的寶寶們，必須更著重在優質蛋白質、澱粉、鐵質、鈣等營養素的攝取。

## ✿ 大便積在肚子中──便秘

當寶寶肚子積滿大便，自然吃不下太多的食物，或無法從奶轉換成副食品。如果媽媽沒有注意到食材種類，很容易讓寶寶便秘，便秘該怎麼辦？

- ✓ 請多喝水及黑棗汁、食物泥多加一些水、在食物中添加油及益生菌、多運動促進腸胃蠕動，以及減少纖維質、蛋白質、澱粉其中一種的量。

- ✓ 減少纖維質（蔬菜）的量？你一定很好奇，大家不是說吃纖維質有利排便？吃蔬菜如果沒有攝取足夠的水分一樣是會便秘，如果小孩不愛喝水，可以試著增加食物泥中的水分，給孩子喝加點果汁的水來取代，或是減少蔬菜纖維質。當寶寶便秘時，優先減少纖維質的量最能見效。

- ✓ 每個寶寶的體質不同，有些寶寶是因為腸胃發展不完全而無法消化蛋白質、澱粉，可以試著去減少其中一樣來找出便秘的原因。

# 5

## ● 坊間對於嬰兒食物型態的看法

### 看法 1　BLW

　　BLW 認為 6 個月以前應該以奶為主，6 個月開始給他細長、手可以拿的食物，讓孩子自己決定吃甚麼和要不要吃。如果媽媽決定要給孩子實行 BLW，要注意吃飯時，大人必須陪在孩子身邊，身體要挺直，避免發生意外；建議可以等到 6 個月可以手拿食物後再開始給他練習。BLW 派認為實行寶寶主導式離乳法可以：

| 1 感受吃東西的樂趣 | 2 用嘴巴去探索和發現 | 3 分辨各種不同食物 |
| --- | --- | --- |
| 4 學習安全的吃 | 5 透過食物學習周遭的各種概念 | 6 發揮各種潛能 |

（摘自《BLW 寶寶主導式離乳法基礎入門暢銷修訂版》）

　　不過，因為初期實行 BLW，孩子會有一段混亂的時間，例如：不知道食物要用拿、扔食物等，媽媽除了要在地上鋪地墊和使用塑膠圍兜兜外，吃完還必須收拾，不適合愛乾淨的媽媽，初期也會影響到寶寶作息。

　　另外，BLW 認為讓孩子選擇吃或不吃、以奶為主，自然就較難固定吃飯時間。

198

### 🔊 台灣實際執行 BLW 的狀況

BLW 建議 6 個月且能坐直才開始給予手指食物，可是這很容易錯失寶寶適應副食品的黃金時期，建議還是從 4 個月就應該開始給予副食品（泥）。 開始實行的 3～6 個月，因為還在學習，寶寶幾乎都處於亂丟食物和吸吮或些微啃咬，除了媽媽收得很辛苦，寶寶吃進去的量很少，必須靠奶補足。

故多數的媽媽會採取 BLW+TW（Traditional Weaning），正餐一樣餵食，餐後或其中一餐改為手指食物。

### 看法 2　循序漸進

即是本書採行的方法，按照食物型態從泥 ⇨ 粥 ⇨ 軟飯，也是比較溫和的方法。

### 看法 3　跟著大人一起吃

建議 6 個月後再開始，將大人的食物過水剪短就餵食給孩子。不過市面上食物常常過鹹或有添加物，鈞媽認為這方法較為不妥。

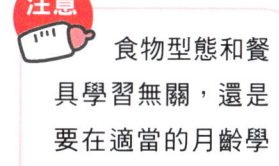

> **注意**
> 食物型態和餐具學習無關，還是要在適當的月齡學習拿餐具喔！

**鈞媽育兒 TIPS**　不管妳要讓寶寶選哪一種方式給予寶寶副食品，都請記得餐桌上必須是愉快的，不需要為了寶寶吃與不吃或會與不會痛苦，只要隨著寶寶狀況去調整即可。

**2　厭食或厭奶──不吃該怎麼辦？**

## 14 個飲食常見問題

**Q1** 聽說水果對氣管不好，食物泥是否不加水果改加紅糖、黑糖？

在中西醫中，針對水果能不能在感冒或氣管不好時吃並沒有定論，但是有痰時會建議都不要吃甜以避免痰更多。你會反問：可是感冒糖漿都是甜的。醫生開藥也會給感冒糖漿，是因為糖漿是高濃度液體，能讓藥品便於在常溫下保存；再者，甜的才讓小朋友願意喝。

**Q2** 聽說發燒不能吃蛋白質，為什麼？

相較於蔬菜、澱粉，肉類、雞蛋等蛋白質在腸胃中需要更久的時間消化，生病時會增加消化系統的負擔。

### 發燒時小食譜

**材料**
- 蔥白和蔥綠少許
- 薑少許
- 白米半杯
- 水 500 毫升

**作法**
1. 先先將白米前 1 天洗好後，冷凍。
2. 隔天用 500 毫升的水加上半杯米、蔥、薑放入電鍋，外鍋放兩杯水。
3. 跳起來後燜半小時，拿湯匙攪一攪，如果覺得不夠化再煮 1 次。
4. 要吃時把薑拿起來，蔥不需要拿起來，一起切細或打成泥。
5. 煮好後，如果寶寶還在吃泥，你可以打成泥。

**Q3** 拉肚子時，該怎麼讓寶寶吃？

禁食 1～2 餐最好。鈞拉肚子時，醫生曾跟我說：餓幾餐不會死。禁食先讓胃空下來，煮白粥或加一點點蔬菜，少量多餐。

**Q4** 每次吃完食物泥就大便，1 天 3 次，這是正常的嗎？

如果都是吃完後沒多久大便，是正常的，別太擔心，超過 5～7 次，便便呈現水稀則為腹瀉。怎麼減少大便次數呢？很簡單，減少蔬菜的量，增加澱粉的量，大便次數就會減少。

**鈞媽育兒 TIPS**

我還在帶小小鈞時，所有吃食物泥的前輩都告訴我 1 天大便 3 次很正常，等鈞 10 個月開始改吃粥、1 天只大 1～2 次便時，才恍然大悟，這是因為粥的澱粉占一半以上，而食物泥中的蔬菜比例超過一半，會讓大便次數增加。

**Q5** 小孩是不是不知道飽，每次吃完肚子都變得很大？

1 歲前的寶寶的確不懂何謂吃飽，尤其 9～10 個月的寶寶是食量的衝刺期（有規律作息的寶寶會以白天的食量為成長衝刺期的主要反應，不會以喝夜奶來反應）。

小嬰兒肚子吃飽鼓鼓並不是因為有病或吃太多，而是腹肌發育不完全，腹壁鬆弛，很容易受到腸胃內容物或本體的脂肪導致肚子大大。秉持一個原則：「他願意吃多久就讓他吃多少。」這餐不小心吃到吐（表示吃太多），下一餐再把量減少，漸漸你就知道該餵多少。

### Q6 寶寶吃完後把食物全吐了，需要補餵嗎？

吃完食物後全吐光的原因包含：生病喉嚨有痰、吃太多、喝太多水、擠壓到肚子、泥太濃稠或黏稠被噎到。當寶寶把食物全吐光後，先休息，半小時後補一點奶或是下一餐提早餵，不需要再補餵泥。6個月後，睡過夜是一種習慣，不會被食量影響太大，鈞也曾經多次於7個月時因喉嚨有痰把晚餐全吐光，依然每晚都睡過夜。

### Q7 我的寶寶是不是吃太多？

吃剛好最健康，但是不要以大人的眼光來判斷孩子是否吃過多，當餵到寶寶不專心時，表示已經六、七分飽，再繼續餵一下達到八、九分飽就停止餵食。

### Q8 吃食物泥體重增加緩慢？

對於規律飲食的寶寶，開始吃副食品才能真正讓體重急速增加，食物泥是由各種營養的食物打成泥狀，讓寶寶充分攝取各類營養素，腸胃也容易吸收。造成體重增加緩慢的原因並非是食物泥本身，而是比例的問題，請增加澱粉、油脂、蛋白質的量，慢慢體重就會增加。

### Q9 寶寶吃完副食品就不想喝奶，可以等半小時再餵嗎？

可以！副食品控制在半小時內吃完，整餐（副食品和奶）控制在1小時內，接下來讓胃能好好消化，才有胃口吃下一餐。

### Q10 本書常常提到「熱量不足」，到底是什麼意思？

熱量不足分兩個面向，一個指的是吃不飽，另一個指的是吃下去的食物無法撐到下一餐或無法提供身體所需。

- ✅ **吃不飽**：第一個發生在厭奶／厭食時，寶寶每次都只吃一點點，不餓就放棄不吃。另一個是發生在媽媽提供給寶寶無法順利吞嚥的食物，於是咀嚼一點點就因為嘴巴累了而放棄繼續吃。
- ✅ **吃下去的食物無法撐到下一餐或無法提供身體所需**：澱粉會在吃下去時優先消化，蛋白質消化的時間比較長，故在澱粉消化完後，需要蛋白質接力下去，而澱粉和蛋白質能提供人體足夠的飽足感和熱量。平日在準備寶寶副食品時，一定要格外注意澱粉和蛋白質的量（所有食物適量對身體好，但是過量就有害，請勿無限制提高蛋白質和澱粉的量）。

無論是哪一個原因，導致的結果是寶寶會無法穩定每段睡眠，小睡常常提早清醒，早上也提早清醒，吃不好睡不好也自然情緒不好，常會亂哭亂鬧。

### Q11 我在餵食飯後給手指食物，算是 BLW 嗎？

不是，BLW 是讓孩子決定吃什麼和什麼時候吃。但是對於擔心髒亂和怕寶寶吃不飽的父母而言，在餐後給予手指食物，依然可以讓寶寶練習咀嚼和吸吮，算是妥協於飲食的一種方式。

### Q12 我不想餵泥，直接從寶寶粥開始，可以嗎？

可以，你可以從寶寶願意吞嚥的食物型態開始副食品之路。

**Q13** 我可以先從餵食物泥粥開始，等寶寶會抓握後再開始 BLW 嗎？

可以，會有一段混亂時期，**寶寶**並不知道放在前面是食物而非玩具，甚至玩起來，但是慢慢他就會因為練習而學習將食物抓起來吃或吸吮。

**Q14** 寶寶一直把食物用舌頭頂出來，怎麼辦？

- **循序漸進的方法中**：在固定飲食時間前，你可以在**寶寶**心情好的時候，例如：喝完奶後 1 小時，給予**寶寶**餵食一點副食品，等習慣超過 30 毫升再移到正餐餵食。
- **BLW 的方法中**：同樣是挑選 1 天中**寶寶**心情好的時間，例如：喝奶後 1 小時，給予一些可供抓握的食物。

# 3 日常生活的教養

6個月後，寶寶開始會爬、坐，清醒的時間也多很多，除了調整作息，你也很需要跟孩子互動。教養該從何時開始呢？6個月是個恰當的時機，把家庭的家規導入，讓寶寶從小把家規當成自然的習慣。

## 開始學習手語

在寶寶學會口語前，與媽媽的溝通一定充滿挫折，常見親子溝通上的障礙有「寶寶無法表達自己的感受給媽媽知道，氣得大哭大鬧甚至頭往後仰」。如何解決這個問題？教寶寶手語是最好的溝通管道。

以簡單的手勢讓寶寶主動表達他的意思，增進父母與孩子間的溝通，進一步了解他的需求，常見手語單字有：拜託、肚子餓、喝水、吃飽。

你可以參考手語教學網站或書籍，我是以更簡單易學的方式教鈞：手拍肚子表示吃飽了、手拍尿布表示想換尿布、手握拳碰嘴巴表示肚子餓。教法是在鈞吃完飯結束後，抓著他的手拍拍他的肚子，媽媽一邊用口語說：吃飽了！或是媽媽自己拍自己的肚子說：吃飽了！示範給他看。

一開始教，你一定會充滿沮喪感，怎麼教孩子都沒有反應，請每日持續不間斷的教，最晚約1歲左右，多數的孩子就會理解且常常用手語跟你表示想法。

**鈞媽育兒 TIPS**

早期有專家表示：學手語會造成語言障礙或遲緩，事實上不會！學手語能更增進親子間的溝通和學習語言的動力，而且真正學會語言後，多數寶寶會覺得用「說」更快，而漸漸將手語擺在次要的溝通方式。

鈞約在 2 歲前也是以手語為主要表達方式，後來會說話、上幼兒園後，因為口語更方便而慢慢不再使用手語，故手語可視為 0～2 歲間親子最主要的溝通方式，會手語也能讓孩子情緒有表達的出口，不需要用哭鬧就能表達想法。

## 生活該有界線

將生活守則、生活界線自然而然的帶入孩子的習慣，有界線的家庭生活才能進一步教孩子分辨是非，讓孩子了解如何與大人應對進退，學會如何掌控情緒。

### ❀ 打手心，讓孩子感覺痛

俗語說：「初生之犢不畏虎。」多數的家庭意外均發生在孩子會爬、會走後，即便大人處心積慮將危險的物品藏好，仍然很難完全防範。鈞 10 個月時就懂得怎麼打開我家的安全門欄或翻過去，除了盯緊他，要進一步教導他。

1 歲以前寶寶對語言理解薄弱，需要媽媽以行動使他理解「危險」，你可以先羅列幾項高危險的事物（以我家為例）：❶ 電線和插座、❷ 電暖爐、❸ 廚房（除非你把廚房的東西都放高）。

當寶寶開始玩電暖爐，媽媽可以過去打一下他的手說：「不可以。」反覆多次後，孩子會將「痛」和「電暖爐」連結在一起，以他自己的身體體會這行為是危險的。

> **鈞媽育兒 TIPS**
>
> 「打手心」和「不可以」只能用在1歲前，1～2歲間對語言理解漸漸成熟，也會漸漸學會模仿，效力會逐漸減低，你需要改變教養方式，但不必用打的，改用口語，1～2歲間的寶寶只會聽一個點，你可以改變說法將「可以」取代「不可以」，你會得到意想不到的效果。
>
> 例如：（X）不可以碰熱湯 → （O）手放在桌子上。
>
> 每個年紀都有不同的對話、教養方式，如你的孩子已經滿1歲以上，可以到我的部落格看更多的教養文章。

## ❀ 用引導當成教養的方法

寶寶是健康、活潑、好奇心重的，你不能用大人的眼光要求孩子。當你發覺自己一整天都在罵或打小孩時，即表示應該冷靜下來檢視是否沒有依孩子的月齡教養，且過度要求孩子。

### 行為1 咬人

1歲前的嬰兒和幼兒、兒童期的咬人打人行為原因不同，嬰兒單純只是有趣或無法表達自己的想法、長牙想咬東西等原因。當嬰兒咬人時，很多媽媽會馬上舉起自己的手打小孩或也咬嬰兒的手臂一口，以為這樣就可以教孩子「咬人會造成傷害」，但其實孩子不了解你要教他什麼，反而感到困惑而模仿媽媽的動作。還有部分採取愛的教育的媽媽會讓嬰兒看被他咬出來的傷口，裝出「好痛、好痛」的表情，希望引起孩子的同理心，這個教法同樣無用，1歲前的孩子同樣也不理解你在做什麼，同理心教法要等1歲半之後才會起作用。

如果孩子因為有趣、好玩、憤怒而咬人時，你不要表現出驚慌失措或大聲等，因為這很容易讓孩子覺得有趣而想再咬人。可以將他的上臂壓進他的牙齒，讓他覺得痛、了解咬人是會造成傷害的，這是教孩子體貼他人的第一堂課。如果因為長牙，只要買供孩子咬的安全玩具（像蘇菲長頸鹿）給他咬就好。

### 行為2　打人

嬰兒不會說話，常常在無法表達意思的情況下憤怒和打人，一旦出現這樣的動作時，請你緊握住他的手或身體（制止他），肯定的告訴寶寶：「不要急，媽媽會幫你處理。」如果是因為好玩或跟別人示好而打人時，表示孩子只是不懂得碰觸別人該用什麼力道，可先握住他的手制止他，接著輕輕將他的手放在別人身上，告訴他：「摸別人時要輕輕的！」

### 行為3　咬乳頭

親餵時，長牙、情緒不穩容易不自覺的咬媽媽的乳頭，可先輕彈寶寶的臉頰、用乳房將鼻子稍微悶住讓他鬆口，並停止哺乳，2～3次後寶寶就懂得當他咬乳頭時就沒喝奶。同時，不斷嚴肅的跟寶寶說不能咬乳頭、咬乳頭時媽媽很痛，餵奶前再三提醒不能咬，如果咬就暫停哺乳。如果是感冒、鼻塞也容易發生咬乳頭的情形，此時可以直立的方式哺乳。

### 行為4　噴口水

大多數的寶寶此時都會喜歡「噗——噗——噗——」噴口水的遊戲，這很正常，不需要理會或停止。

### 行為5　丟玩具

大多數的寶寶都有此行為，尤其是1歲前後，除了練習丟投的手部動作，也在吸引父母的注意，如果寶寶還不會走路，他將玩具丟出去後，不需要幫他撿回來。出門在外時，可以將玩具和繩子綁在一起，就算他丟

出去也能自己拿回來。如果**寶寶**已經會走路，就能開始教如何收玩具（參見 p. 212「學習獨玩 3 步驟」）。

### 行為 6　抽衛生紙、玩遙控器、手機等

所有的寶寶都會玩，此項遊戲練習手部動作，你可以將衛生紙收好，並拿相似的玩具給他玩。

### 行為 7　尖叫

不必阻止孩子尖叫，而要幫助他分辨在家可以叫，在規範的範圍讓他可以充分探索；在外卻不可以。在外尖叫時，輕輕彈他嘴巴一下，告訴他：「在外面叫，阿姨叔叔會很不舒服！」多次後寶寶自然會分辨在家裡和在外面的區別。

不過尖叫原因往往在於語言無法表達和發洩情緒，對於 1～2 歲小孩建議可以教導手語及解決他的困境來減低尖叫的問題。

## 餐桌上可能發生的問題

### 問題 1　餵泥技巧

所有的小孩都沒有耐心讓你用 1 分鐘 1 口的速度餵食，餵食物泥的速度必須非常快，因為是泥狀物，不用擔心會噎住，就算你的速度比寶寶快（他還沒吞下去，你的湯匙就已經到他嘴邊），他也會吞下去才吃下一口，但是你的湯匙已經到他的嘴邊，可以立刻開口就吃下去。

在餵的過程中，寶寶的頭一定會轉來轉去，你的湯匙就要看準他的嘴巴餵下去（這就是為什麼要坐在餐椅上餵，才不會造成邊追邊餵）。整體餵泥時間：500 毫升約 10～15 分鐘就餵完，最多不要超過 30 分鐘。

### 問題 2　搶湯匙、碗及吃手指

出於好奇心，所有的小孩都會上演這個狀況，餵沒多久就開始搶湯匙、碗。可以跟寶寶說：「媽媽現在在餵你，把手放在桌子上。」然後抓住他的手放在桌子上，多次示範給他看。吃手指的時候，除了抓住他的手放在桌上之外，也能用碗或湯匙擋住他的手趕快餵（這時餵食的速度很重要）。另外，1歲前的寶寶語言理解能力較弱，也可以輕拍一下他的手背，讓他感受到疼痛，再將他的手放在桌子上，以行動讓寶寶理解。

### 問題 3　沒辦法專心在餐椅上吃副食品

餵飯一直都是媽媽的噩夢，因為媽媽無法了解寶寶在想什麼，只能依狀況來猜測他的想法，以下是幾個判斷方式：

**判斷 1　不專心**

玩椅子、東張西望等。1歲前專注力很低，不專心是正常的，所以除了要以很快的速度餵完食物泥外，開始分心時，可以跟他說說話、唱唱歌引起注意，超過30分鐘就放棄，把食物收起來，下一餐他會因為較餓而更有胃口吃。不要藉電視讓寶寶吃飯，這樣長期下來反而會讓寶寶失去專注力。

**判斷 2　剛坐上餐椅，就一直嘴巴緊閉，頭搖來晃去不吃**

這表示寶寶已經對副食品挑剔或厭惡，先尋找他一定會接受的食物，第一口硬塞，他接受後就會一直吃下去直到吃完。

### 問題 4　練習用水杯喝水

6個月開始，可以練習用水杯來喝水，這時候只是練習，為以後做準備，無須真的戒掉奶瓶。白天時，可以在水杯中裝他喜歡喝的液體，在他面前倒入杯中，引發好奇心，他會試著咬一咬吸管口，喝到喜歡的液體就會學習吸水，多練習就會越來越順手。

可以試試看使用「大眼蛙」，倒溫水下去會自動跑到吸管口，小孩咬一咬就會喝到，缺點是不好洗和易壞，故等小孩習慣後可以改成一般的吸水杯。曾有媽媽分享他家小孩戒夜奶的方式，就是當半夜要喝奶時，她用水杯裝奶，結果小孩因為需要坐起來喝而放棄喔！

## 6個月後就能開始學習獨玩

讓孩子學習獨玩並不是讓媽媽偷懶，而是學習專注力和獨處的重要性，並且四處探索家裡環境，學習細小動作和肢體的發展，像鈞就是從探險房間獨玩中學到很多東西。

**舉例**

> 鈞學習開關抽屜，經過幾次被抽屜夾到手之後，就學會開關抽屜了。6個月後的孩子往往清醒時間已經拉長，需要更大的活動量，如果還24小時黏在媽媽身上，就會讓媽媽無法放心力給另一伴和家庭，造成媽媽對育兒這件事喘不過氣來，也容易放棄，而把孩子送到幼兒園。

0～6個月前（尚未學會爬行）的寶寶並不適合學習獨玩，因為還無法移動身體，睡眠時間也多。你可以將家事放在小睡時。寶寶清醒時、趁喝完奶心情很好時，用音樂鈴、健力架讓他玩個5～10分鐘後再開始陪他玩遊戲、看布書、做腳踏車運動等。

## STEP 學習獨玩 3 步驟

**STEP ①** 寶寶約 5、6 個月開始,會學習挪動身體(肚子貼地),可以試著在他附近擺放玩具(請把玩具放在孩子看得到且摸得到的地方)。坐離他有一點距離,不耐煩就立刻結束獨玩遊戲,慢慢讓他學習到探索的樂趣。

> **注意**
> 喝完奶一定要先直立休息 30 分,不然寶寶爬沒多久就會吐一攤奶在地上等你收拾。

**STEP ②** 將地板擦乾淨或鋪巧拼地墊,在地板上放寶寶感興趣的物品,讓他自己玩,媽媽則可以看看書、電腦,跟他同處於一個空間。不需要阻止他玩任何物品(危險的例外),在探索時,肢體和細小動作的學習會特別快速。

**STEP ③** 等寶寶可以不理會你獨自在房間玩遊戲時,可告訴寶寶:「媽媽先離開 5 分鐘,馬上就回來。」出去上個廁所立刻回來,接著慢慢將你在房外的時間拉長一點點,讓他習慣母親進進出出房間的感覺。

**重點** 有時候在練習獨玩時,孩子會一直爬過來抱住媽媽,媽媽可以假裝沒看到他,孩子覺得無趣就會離開,基本上只要眼神沒對上,孩子並不會有媽媽不要他的感覺。

**鈞媽育兒 TIPS** 跟大家分享鈞的遊戲:將寶特瓶裝進彈珠,鈞一推就會發出聲音且滾走,讓鈞追著寶特瓶而移動。

## 獨玩時注意事項

- 一定要注意居家的環境安全,否則當你沒注意時,孩子玩到危險的東西發生意外,容易造成孩子終身的遺憾。

- 不要因為孩子會獨玩,就整天都不跟孩子玩忙自己的事,要懂得拿捏陪伴孩子的分寸,一天中一定要有一段時間陪著孩子玩,否則容易演變為孩子為了吸引你的注意,做出自殘的行為。

- 如果孩子已經會獨玩,卻突然某天黏著媽媽且哭鬧頻繁,就要注意孩子是不是長牙、生病、分離焦慮。媽媽要對孩子的事情敏感一點。

- 不要因為孩子會獨玩,媽媽就長時間處在看不到孩子的地方,要隨時隨地注意孩子正在做什麼,謹記:孩子太安靜時就代表有鬼,時時注意才不會讓孩子發生意外。

## ● 遊戲床時間是否必要？

「遊戲床時間」是指：單獨給孩子在遊戲床內玩放在床內的玩具，母親離開房間且沒有在嬰兒的視線內。

我反對給孩子遊戲床時間。寶寶清醒時，讓他處在比較大的探索空間或遊戲圍欄空間，勝過單獨放在封閉的遊戲床中。因為遊戲床無益於寶寶的發展和培養專注力，也容易造成孩子封閉感或懲罰感。

我家附近有間飲料店，做母親的只要一忙就將孩子丟入很高的遊戲床內，我就會看到一個哭鬧尖叫不休的孩子，對他而言，遊戲床成為監獄。

### ✿ 可以利用遊戲床的時間

不過，還有些例外狀況，反而可以多利用遊戲床時間：

**狀況1** 小睡時間還沒結束，寶寶卻先醒來，可讓他先在遊戲床（嬰兒床）內玩到小睡時間結束。

**狀況2** 等1歲3個月後改1次小睡時，假如調整成睡第1段小睡，第2段小睡時間可以改成遊戲床時間，無論是孩子不睡自己玩或是不小心睡著都沒有關係。

我很喜歡崔西（Tracy Hogg）在《超級嬰兒通》中的一句話：「寶寶安全感的來源來自於你對他的了解。」多數的母親誤以為「一直抱著」、「長時間陪玩」、「不給孩子哭」就是給孩子安全感，事實上應該反過來了解孩子的個性、了解孩子哭的意義、引導孩子往良好的方向發展、成為孩子的知音，才是給孩子安全感，過度陪伴或過於疏離同樣都會帶給孩子不安全的感覺。

如果過度陪伴孩子，讓孩子黏在身邊，於是只要離開他1分鐘，孩子就會解讀為「你不要他了」，對於孩子肢體發展成長也有不利的影響；

過於疏離孩子，就會造成孩子情感的冷漠。育兒要懂得拿捏分寸，母親的態度遠遠勝於孩子的態度。

## 幫助寶寶度過分離焦慮

很久沒聽到寶寶哭聲，突然有一天媽媽從座椅上站起來他也哭，一離開他看不到也哭，哭到你心慌意亂、心煩氣躁，這就是寶寶的分離焦慮。

為什麼有分離焦慮？出生後約 3 個月開始，寶寶會認定主要的照顧者產生依附關係，並排斥陌生人，約 6～8 個月間開始直到分離焦慮結束前，寶寶並無「物體恆存」的觀念，誤以為媽媽只要看不見就是不見了。

### 寶寶的分離焦慮

分離焦慮只有一次？不，在寶寶長大的過程中，約 2～3 次不等，雖然每次的原因都不同，重要是你每次都需要幫助他度過，不是任由他完全黏你的身上。

### 幫助 1　從同理心出發，幫助寶寶度過這段時期

寶寶驚恐的是「媽媽不見了」，而你的工作就是幫助他建立「物體恆存」的觀念。白天寶寶清醒時，多抱抱他，用溫柔的語氣跟寶寶說：「我知道你不希望媽媽離開，可是媽媽真的有事情要做，媽媽不會不見，馬上就回來。」

你真的有事情要做時，也不要因為寶寶嚎啕大哭又回到他身邊，可以斬釘截鐵的跟寶寶說：「媽媽去上個廁所（或其他事情），保證5分鐘就回來。」上完廁所後，等哭聲變小時又出現在他面前說：「媽媽回來了！媽媽沒有不見，不要哭喔！」稱讚他、抱抱他，慢慢建立起「媽媽並沒有消失」的觀念，走出分離焦慮期。

### 幫助 2　遊戲的教導

平時多跟寶寶玩「物體恆存」的遊戲，例如：

**遊戲 1　不見了**：把手帕放在寶寶臉上，然後說：「媽媽在哪裡？」接著寶寶會把手帕拿掉，你就說：「媽媽出現了。」

**遊戲 2　躲貓貓**：站在寶寶看不見的角落（或另一個房間），大聲喊寶寶，讓他爬來找你。

**遊戲 3　事先預告**：假設你現在需要上廁所，先將他抱到廁所門口，不關門，告訴他：「媽媽要上廁所。」再帶他回遊戲場所（或房間），藉此教導物體恆存，而他也可以在廁所找到你。

### 幫助 3　讓安撫物陪寶寶一起睡覺

你可以給寶寶一個玩偶、小被子，或帶有媽媽味道的物品，讓此安撫物陪伴寶寶睡覺。

### 幫助 4　安全感的培養

幫寶寶克服分離焦慮，給予足夠的關懷，才是培養孩子日後自信和安全感的來源，簡單的解釋就是讓寶寶相信媽媽言出必行且不會騙他、媽媽不會消失不見。

## 關於日常生活教養的 5 個問題

**Q1** 我的寶寶一開始還能一口接一口吃,但是吃到 80％就開始分心或玩椅背,剩下的 20％都要花很多很多時間才餵完,怎麼辦?

1 歲前的寶寶專注力往往不夠,大約吃到 80％時就已有了飽足感,開始想玩,即便寶寶頭轉來轉去,也可以繼續餵,但不必硬是全部餵完。很多媽媽會害怕孩子吃太少,往往餵給孩子比他自己需要多出更多的量。假如有教手語,可以問他還要不要吃,並尊重他的選擇。

**Q2** 為什麼寶寶都是這邊玩幾分鐘、那邊玩幾分鐘,是不是專注力不足?

5、6 個月大會開始有專注力的表現,只有僅僅數秒,1 歲半幼兒的專注力也只有 5～8 分鐘,1 歲前的寶寶都會沒玩幾分鐘就換到別的地方玩別的玩具。寶寶在玩耍時,不要刻意打斷他,讓他沉浸在自己喜歡的事物上,媽媽也能陪著一起玩,培養興趣就會慢慢延長在此事的專注力。

**Q3** 我在打掃時,可以暫時把寶寶放到嬰兒床嗎?

可以的,如月齡尚小,讓他暫時幾分鐘待在嬰兒床內看媽媽打掃。

**Q4** 寶寶根本不是用膝蓋著地爬,而是用其他方式爬,是不是發展有問題?

每個寶寶的發展不同,像我小時候從沒有爬過,直接就會走路,但是鈞爬到 1 歲 3 個月才開始會走路,如有發展上的疑問須請醫師診斷。

第五章 | 6～9 個月:教養從現在開始

## Q5 邊吃邊哭還要繼續餵嗎？

你可以停一下先確認是否因為坐得不舒服？餵的速度太慢？不想坐在餐椅上吃飯？如果判斷不出原因，還是可以餵完後再來思考和判斷，不必擔心寶寶是否會心理受傷，找出問題解決或堅持讓寶寶在餐椅上吃飯，才是根本解決之道。

**鈞媽育兒 TIPS**

「小玉家的女兒，曾經很長的時間習慣在推車內（斜躺）吃飯，6個月會坐後，小玉決定讓她在餐椅（直立）吃，女兒吃不到5分鐘就一邊哭一邊吃，頭一直不抬起來，改回推車後則不再邊吃邊哭。但小玉依然苦惱，總不能一直在推車內吃。

我建議她平日先讓女兒在餐椅上玩，不排斥餐椅後再換到餐椅中吃飯。」

## 第六章

# 9～12個月
# 多活動，多消耗體力

## 1　9～12個月的作息調整

活動量是這個時期寶寶作息穩定的參考值，不管活動量大與小，此時會發現寶寶清醒時間可以更長，很多媽媽會急急忙忙將小睡急速縮短、刪減，如果這樣做，就是在弄亂寶寶的睡眠，讓寶寶睡眠快速縮短。

### 9～12個月調整重點

你可以依據家中和寶寶的狀況安排作息，謹記以下大原則：

**❀ 寶寶睡眠總數**

- 寶寶平均每次可清醒 2.5～3 小時，1 天 2 次小睡。
- 晚上睡 12 小時，白天小睡總數不能超過 3 小時；晚上 10～11 小時，白天小睡總數不能超過 4 小時。
- 至於夜晚睡 12 或 10 個小時的每段平均睡眠時間，可按右頁表的排法 ❶、排法 ❷、排法 ❸，依寶寶睡眠情況，自行安排。

## ⏰ 9～12 個月夜晚睡 12 個小時的每段平均睡眠時間

（視寶寶個體有所差異）

|  | 排法 ❶ | 排法 ❷ | 排法 ❸ |
|---|---|---|---|
| 第 1 段小睡 | 1 小時 | 2 小時 | 1.5 小時 |
| + | + | + | + |
| 第 2 段小睡 | 2 小時 | 1 小時 | 1.5 小時 |
| + | + | + | + |
| 第 3 段小睡 | 0 小時 | 0 小時 | 0 小時 |
| + | + | + | + |
| 夜晚長睡眠 | 11～12 小時 | 11～12 小時 | 11～12 小時 |
| 平均睡眠時間 | 14～15 小時 | 14～15 小時 | 14～15 小時 |

## ⏰ 9～12 個月夜晚睡 10 個小時的每段平均睡眠時間

|  | 排法 ❶ | 排法 ❷ | 排法 ❸ |
|---|---|---|---|
| 第 1 段小睡 | 2 小時 | 2 小時 | 1.5 小時 |
| + | + | + | + |
| 第 2 段小睡 | 2 小時 | 1.5 小時 | 2 小時 |
| + | + | + | + |
| 第 3 段小睡 | 0 小時 | 0 小時 | 0 小時 |
| + | + | + | + |
| 夜晚長睡眠 | 10～11 小時 | 10～11 小時 | 10～11 小時 |
| 平均睡眠時間 | 14～15 小時 | 13～15 小時 | 13～15 小時 |

1　9～12 個月的作息調整

## ✿ 睡眠不穩定時如何處理？

前面說過你可以依睡眠狀況，規劃 1 歲 3 個月後如何改成 1 段小睡，決定該刪減哪段小睡時間，變成一長一短的 2 次白天小睡，你可以沿用這個方法繼續刪減較短的那段小睡或是維持現狀。

9～12 個月時，**寶寶會因活動力、好玩心、分離焦慮等問題而睡眠顯得較少**，不過此時孩子已經能夠在睡起來後在床上獨自玩耍一陣子，可以讓他在床上玩到時間到，不必刻意提前離開床。同樣的，小睡時間到就直接送上床，讓寶寶自行選擇睡覺或在床上玩到睡著。

媽媽在這段時期的任務就是盡可能讓寶寶多活動、多消耗體力，只要盡力即可，至於寶寶能消耗掉多少體力和能睡多久，則由寶寶決定，媽媽微幅調整或不理會皆可，等寶寶會走後，活動量更大時，自然又能穩定 2 段小睡。

## ✿ 寶寶情緒變化

10～11 個月是情緒不穩的時期，等 12 個月後又會非常的溫和。大多數的孩子在這段時間會開始耍脾氣、哎哎叫、不願意上餐椅吃飯、不好好吃飯，但一定要讓孩子學會「處理情緒」，不是他一哭就順從他，母親也要學怎麼轉移孩子的情緒和安撫孩子，因為孩子正在學習遇到挫折時該怎麼（請見 P.260「9～12 個月的教養」）。

不要覺得孩子難帶就什麼都不做或狂打狂罵孩子，母親一定要學會冷靜，因為如果能在 0～6 個月讓孩子學會規律作息，在 6～12 個月時通常個性就會很穩定；在 10～11 個月學會處理情緒的孩子，在 1 歲 3 個月～1 歲半的叛逆期也同樣會比較緩和，這都息息相關。

1 歲時是孩子脾氣最穩定時候，此時媽媽可以喘口氣。

## 選擇分房或分床

寶寶出生後有些自己睡一張嬰兒床（跟父母同房或不同房），有些跟父母同睡一張床，然後 6 個月後會隨著家中的情況分房或分床，如果媽媽必須為寶寶分房或分床時，該怎麼分呢？

### ❀ 讓彼此睡眠品質更好——如何分床？

假如寶寶一直都有母親陪睡，不願意自己睡嬰兒床，但母親晚上卻一直被孩子干擾睡不好，不是被小孩踢到，就是大人起床會吵到小孩等。在幫孩子分床前，要先確認生活作息是否已經：

- ✅ 半夜不需要喝奶，一覺到天亮。
- ✅ 有規律作息，知道白天玩，晚上時間到該睡覺。
- ✅ 白天有適度消耗體力。

### STEP 幫寶寶分床 2 步驟

**STEP ❶ 習慣睡嬰兒床**

一開始先將嬰兒床的床欄卸掉，跟大人床緊緊靠攏，白天時讓寶寶在新的嬰兒床內玩、熟悉環境，嬰兒床內放些寶寶熟悉的被子、玩具。睡覺時間到，要在寶寶清醒卻想睡時讓他躺在嬰兒床內，你自己也躺在旁邊陪他一起睡。等寶寶習慣後，把床欄裝回去，假如寶寶有點不願意睡，你可以抱起來安撫，並說：「媽媽還是睡在你旁邊，趕快睡覺。」趁他還有意識時放回嬰兒床，讓他繼續睡。

**STEP ❷ 不陪睡**

等孩子完全習慣後，第二步就是大人開始坐著陪睡（不躺），並用命令的口吻叫孩子睡覺（例如：躺下！睡覺！）。約 1 星期後離床遠一點，

坐在椅子上看他睡，逐日漸遠，直到坐到門口。等孩子習慣後，就告訴孩子：「媽媽等一下就會來找你，你先睡覺喔！」便離開房門讓孩子睡，晚一點自己再進房睡覺。

**鈞媽育兒 TIPS**

在 2 歲前，簡單的口令效果會非常好（例如：躺下！睡覺！），這也會跟寶寶理解語言能力有關，對語言理解弱的孩子，效果會隨之降低。

有媽媽問，寶寶先跟媽媽睡同張床，等他睡熟後再抱進嬰兒床行嗎？不行！因為寶寶半夜淺眠發現自己睡在陌生的環境，就會哭鬧要求媽媽讓他回到大人床上跟你一起睡。

### ❀ 為什麼要讓寶寶自己睡——如何分房？

大人與寶寶同房時，會互相干擾睡眠，比方說：爸爸起床要上班時吵到小孩、小孩淺眠時看到媽媽就不睡了、媽媽聽到寶寶淺眠發出的小聲音就醒來以為要餵奶、大人打呼吵得睡不下去等等。分房能讓彼此的睡眠品質更好，寶寶睡到半夜淺眠醒來也能安靜的再度入睡。

- ✅ **學習獨立的開始**：寶寶藉由自己睡，會逐漸將自己當成一個獨立的個體，學會在沒有人協助下做主：醒來睡不回去時，先跟玩具玩、或跟自己說話。這個經驗會幫助寶寶長大後即使沒有人協助，也能怡然自得，獨立解決問題和更快融入環境。

- ✅ **分房的最佳時間**：0～5 個月前，由於夜間哺乳與防止意外發生，嬰兒床應與母親的床貼近且同房，方便照顧，5～6 個月後（分離焦慮症前）或分離焦慮結束後，假如有準備小孩房，你就能準備幫孩子分房。分房前一定要先讓寶寶自己睡獨立的嬰兒床，床上罩著蚊帳。

## STEP 如何分床 3 步驟

STEP ❶ 小孩房布置得溫馨可愛，四周放喜愛的圖案或玩偶、玩具。

STEP ❷ 先將該房間當成玩具間，讓他習慣在裡面玩耍。

STEP ❸ 將嬰兒床移到小孩房，如孩子能接受，就可以直接在舉行完睡前儀式後跟孩子說晚安，直接離開房間。假如開始大哭，你可以讓他哭，堅定的跟寶寶說：「明天早上媽媽會來找你，先乖乖睡覺。」或慢慢讓他習慣睡自己房間：拿張椅子坐在角落等他睡，不跟他說話也不理會他，等他睡著再離開。半夜如果哭起來，媽媽可以先查看監視器，再看要不要進房安慰他，或站在門口喊：「媽媽在這裡，趕快睡覺。」3～7 天後可以在門口站幾分鐘後，告訴孩子：「明天早上媽媽會來找你，先乖乖睡覺。」就離開房間。

✅ **分房或分床的好處**：寶寶出生後，家庭幾乎以寶寶為重心，尤其是母親幾乎不會有自己的時間，如果又同床，夫妻之間的關係與親密行為會大為減少，萬一又遇到需要哄睡、需要媽媽在床上才願意睡的孩子，等孩子睡著後，自己也已經沒有精神，就算到客廳聊天或有親密行為時，也時刻擔心孩子會不會突然醒來。分房或分床就可以減少這些困擾。

**鈞媽育兒 TIPS**

鈞約 9 個月和爸媽分房睡覺，因為嬰兒床上罩著蚊帳，故鈞也沒有覺得環境有異，第一天直接將嬰兒床推到小孩房，鈞也乖乖在小孩房睡覺，很快就成功分房。但是鈞生病時，我需要照顧他，則在鈞的床邊打地鋪睡在地上，用屏風隔開我和鈞，以這種方式照顧獨睡小孩房且生病的鈞。

## ❀ 和父母同間房──不同床

不是每個家庭都有餘房給孩子當小孩房，假如你必須跟孩子同房，但是半夜或清晨寶寶淺眠醒來看到你就咿咿啞啞想跟你玩，不想睡回去，怎麼辦呢？

第四章曾經說到，晚上要長睡眠前，舉行完睡前儀式後，關燈（或開小燈），離開房間讓孩子先睡，等孩子睡熟或大人想睡時再靜悄悄進房。

分離焦慮期間、玩心重的孩子往往淺眠看見媽媽在旁邊就會醒來大哭或想跟大人玩，你可以在大人床和嬰兒床中間放屏風、遮光架，也可以將嬰兒床或遊戲床床板降低，四周圍上布或床圍，只要能擋住寶寶視線即可。

**鈞媽育兒 TIPS**

在跟鈞分房前，我很容易被鈞吵醒（例如：鈞翻身時腳踢到床欄發出聲響，我就被吵醒，他卻還繼續睡）。鈞清晨也容易淺眠醒來想跟我玩，彼此干擾睡眠，常常我一個轉身就看見眼睛睜大大瞪著我的鈞，一開始我用布圍住嬰兒床，後來鈞會站起來將布拉下來，就改成用屏風遮蔽他的視線，直到鈞 9 個月時，剛好政府發消費券，我們就全部拿來買東西布置小孩房，正式跟鈞分房。

## 4 個調整作息的常見問題

**Q1** 育兒書說 10 個月就能改一次小睡,可能嗎?

育兒書和傳統帶孩子的媽媽的確會在這段時期就將孩子白天睡眠改成只剩午覺(2～3 小時),如果你決定這樣做,可以將洗澡和午餐放在午覺之前,讓寶寶可以安穩的睡滿 2～3 小時的午覺。只是此時擁有規律作息的寶寶無法睡滿兩次小睡,不是因為睡眠時數縮短,而是體力消耗不足,等到會走路後,體力消耗更大(走路比爬行會消耗更多體力),就會因為疲倦感,必須穩穩的睡滿兩次小睡才能恢復體力,在 9～12 個月還是安排一長一短的兩次小睡為佳。

**Q2** 兒子將滿 1 歲,但夏天到來,他每天只睡 11～13 小時而已,白天小睡時間到就放上床,他卻可以玩整整兩小時,作息是不是需要調整?

### 原本的作息

| 7:00 | 第 1 餐 | 370 毫升泥 |
|---|---|---|
| 9:00～11:00 | 第 1 段小睡 ||
| 12:30 | 第 2 餐 | 400 毫升泥 |
| 14:00～16:00 | 第 2 段小睡 ||
| 18:00 | 第 3 餐 | 400 毫升泥 |
| 19:00 | 長睡 ||

在制定和刪減作息時，除了觀察寶寶的疲累狀態，也要習慣計算一下你訂定的作息總時數，雖然夏天睡短是受到天候影響，但是此例中的**寶寶基本上是第 1 段小睡睡飽了，第 2 段就不睡了，而不睡要撐到晚上又太累，惡性循環導致睡眠變少**。建議改變作息如下：

### ⏰ 調整後的作息

| | | |
|---|---|---|
| 7：00 | 第 1 餐 | 370 毫升泥 |
| 9：30～10：30 | 第 1 段小睡 ||
| 12：30 | 第 2 餐 | 400 毫升泥 |
| 13：30～15：30 | 第 2 段小睡 ||
| 18：00 | 第 3 餐 | 400 毫升泥 |
| 19：00 | 長睡 ||

你可以選擇刪減上午或下午小睡，但是在這個例子，讓上午少睡半小時比較恰當，等 1 歲 3 個月後可以完全刪掉上午小睡，只睡下午或將下午小睡提前一點變成午睡（第 2 餐也提前一點時間餵食）。假設你決定要替寶寶更改作息，一開始寶寶會比較不習慣，媽媽需要陪他玩，轉移想睡的注意力，讓他習慣醒更久。

### Q3 我該如何判斷寶寶是因為沒吃飽還是活動力不足而睡不穩？

9～12 個月的寶寶受到沒吃飽的影響很小，除非奶跟副食品吃得少（1 天不足 60～100 毫升），晚餐離睡前太遠（比方說下午 4 點吃晚飯、晚上 8 點睡覺睡到隔天 8 點），真正的原因是活動力不足。對規律作息的

228

寶寶而言，晚上睡很長是一種習慣，不會因為某天吃少而睡不穩。判斷是否為活動力不足的方法很簡單，通常是上一段小睡不睡，下一段小睡又睡死的惡性循環。

**舉例 1**

▶▶ 早上提早醒，睡不到第 1 餐

第 1 段小睡提早想睡，睡得很沉

第 2 段小睡不睡

晚上提早想睡或上床後秒睡

**舉例 2**

▶▶ 早上睡到第 1 餐

第 1 段小睡不睡或很早就醒、只睡一下下

第 2 段小睡睡死

晚上又滾很久不睡

**舉例 3**

▶▶ 早上提早醒，睡不到第 1 餐

第 1 段小睡有睡

第 2 段小睡不睡

晚上提早想睡或上床後秒睡

**Q4** 孩子達不到書中寫的睡眠時數，怎麼辦？

書中所寫的睡眠長度，有的媽媽覺得太少，有的媽媽覺得太多，原因是6個月前受到「食量大小、家庭習慣、母親是否對睡眠過度干預、孩子體力、前3個月的驚嚇反射」等外在因素影響，導致寶寶睡長或睡短，就算沒有讓孩子受到驚嚇反射影響，6個月也有可能會受到「作息調整、體力、環境是否太熱太吵、生病、意外教養、分離焦慮、不良睡眠習慣」影響，讓母親誤以為孩子睡眠時間縮短。

根據統計，台灣嬰幼兒晚上睡眠平均只有8小時40分鐘。兩歲同齡的孩子很多1天只剩下10小時睡眠，然而規律作息的孩子1天還能保持睡12～13小時（有時更多）。也許你會說：每個孩子都有自己需要的睡眠長度。是的！這個理論大致上是正確的，有些孩子無論如何就是不愛動也不愛吃，更不愛睡，自然吃少又睡少；在希望孩子吃飽睡飽前提下，媽媽需要致力排除掉會妨礙孩子睡不好的原因，讓孩子睡眠更穩、更長。

有些媽媽會一直神經兮兮，整天看到孩子不睡覺就心慌意亂。其實不必，當你已經盡了所有努力排除妨礙孩子睡眠不穩的原因後，剩下就是孩子真正所需的睡眠，就算你替他安排的小睡他會提早醒來或自己會在床上玩，都是學習獨玩的一部分，就讓他自己在床上玩，不需要過度要求孩子在睡覺時間一定要是睡著的。

也不要跟別人的孩子比較睡多或睡少，認真觀察自己孩子所需要的睡眠長度，別人小孩的睡眠長度都只是參考值。

## 2 如何轉換寶寶的食物型態？

帶孩子最辛苦的地方就是周圍親友老是給你很多意見、施加壓力、硬要教你怎麼帶孩子，甚至有人會以諷刺的語言告訴你：我小孩都已經跟大人一起吃飯，你小孩怎麼還在吃泥或粥？

不要跟別人比較，你最清楚寶寶的發展，在適當時候換成更適合的食物就好，你的任務就是讓寶寶每餐都吃得營養又健康。

### 該吃食物泥還是粥？

曾經有媽媽告訴我，假設再帶一次孩子，絕對不會給他吃食物泥；也曾經有媽媽告訴我，他的寶寶只能接受食物泥，且吃到兩歲。

給寶寶吃食物泥或粥到幾歲，或該吃食物泥還是粥，沒有一定的答案，我遵照孩子吃的發展進度，每個不同的進度給予適合的食物，慢慢的替他轉換食物型態。鈞一開始是吃食物泥，吃到 10 個月時，開始出現咀嚼的動作，食物泥吃到 500 毫升也沒有飽足感時，就開始給予白粥加豬肉泥（泥粥），讓他有更多的熱量和飽足感。

## 食物泥與粥的差異

| | 食物泥 | 粥 | 說明 |
|---|---|---|---|
| 營養度 | 👍 | | 食物泥能加入多種食材，讓整體的食物含有更多營養素。多數媽媽煮粥的習慣是不敢放太多切碎的食材，因為怕寶寶吞嚥困難，食材放少的狀況下，跟食物泥比較就會顯得營養較少。 |
| 吞嚥度 | 👍 | | 食物泥容易吞嚥，也更能讓腸胃吸收。 |
| 熱量 | | 👍 | 粥有一半以上幾乎是澱粉，熱量自然會比食物泥更高，能提供給寶寶更多熱量。 |
| 飽足感 | | 👍 | 澱粉、蛋白質、半固體的粥都能帶給寶寶更大的飽足感。 |
| 美味 | | 👍 | 粥能煮出食物本身的美味，粥的糊化效果能讓腸胃更好吸收澱粉。 |
| 容易烹煮 | 👍 | | 食物泥只需要將食材一起煮熟、打泥；粥則須要先針對難吞嚥的食材切碎，須花更多時間烹煮。 |
| 水分含量 | 👍 | | 打泥時需要加入水分，煮粥時水分容易蒸發，水分含量不如食物泥多。 |

＊這裡的粥指的是料切細碎、白米煮成粥的碎料粥，非料打成泥、白米煮成粥的泥粥。

## 2 如何轉換寶寶的食物型態？

隨著寶寶的月齡和咀嚼發展，吃食物泥吃到當你發現寶寶出現咀嚼的動作時，就可以開始更改為更接近半固體的泥粥，等寶寶吃泥粥吃得很順時，也能再進一步轉換成碎料粥，下表為轉換的方式，可以依序幫寶寶更改：

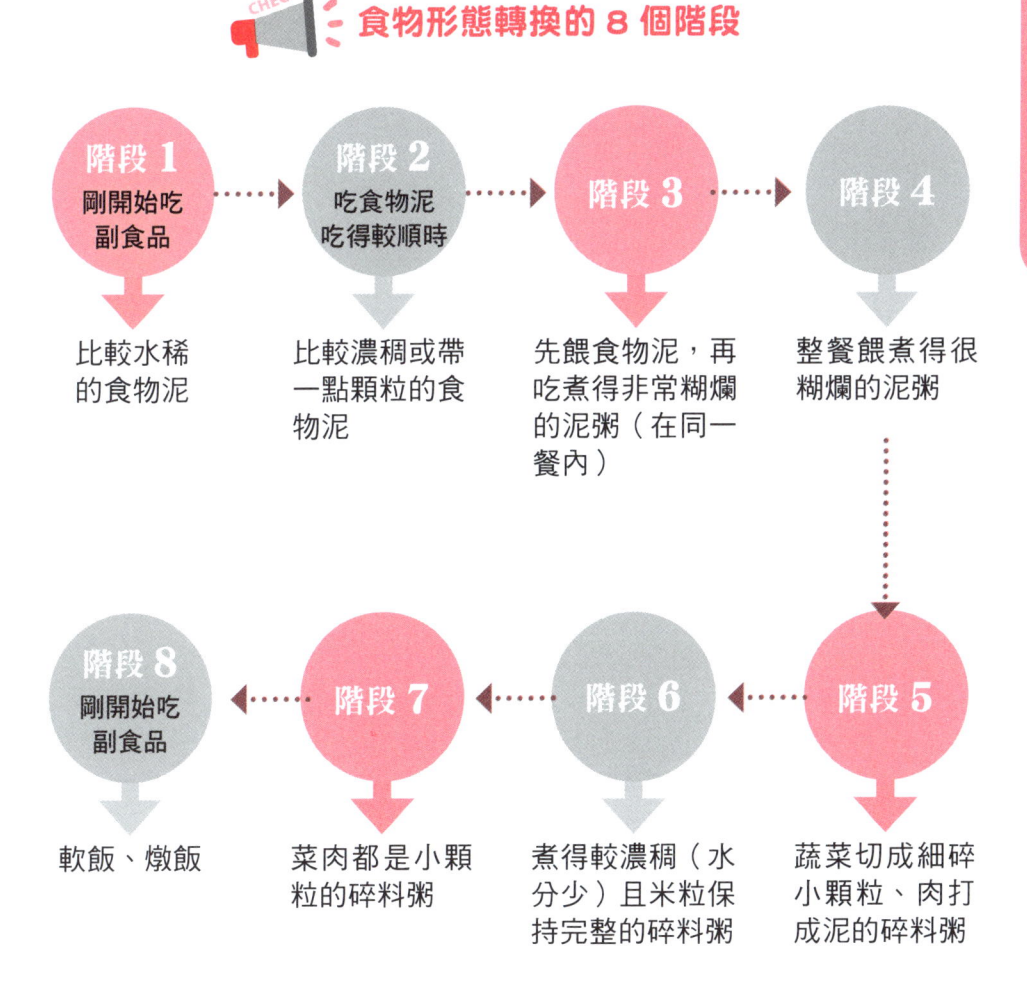

### CHECK! 食物形態轉換的 8 個階段

**階段 1** 剛開始吃副食品 → 比較水稀的食物泥

**階段 2** 吃食物泥吃得較順時 → 比較濃稠或帶一點顆粒的食物泥

**階段 3** → 先餵食物泥，再吃煮得非常糊爛的泥粥（在同一餐內）

**階段 4** → 整餐餵煮得很糊爛的泥粥

**階段 5** → 蔬菜切成細碎小顆粒、肉打成泥的碎料粥

**階段 6** → 煮得較濃稠（水分少）且米粒保持完整的碎料粥

**階段 7** → 菜肉都是小顆粒的碎料粥

**階段 8** 剛開始吃副食品 → 軟飯、燉飯

＊泥　粥：指的是將所有食材都打成泥加入白粥中。

＊碎料粥：指的是將食材都切成顆粒，大多數的寶寶對軟蔬菜接受度較高，蔬菜可以先切成細小顆粒。肉類接受度較晚，建議將肉類打成泥狀直到長出臼齒。

**鈞媽育兒 TIPS**

這裡指的是正餐所餵的副食品，平時你也能在吃完正餐後、點心時，給寶寶一些拿在手上的食物，像米餅、煮得很軟的根莖類蔬菜等等，讓他練習咬食物。每個寶寶對於食物轉換的進度都不同，鈞約 1 歲 3 個月後才開始吃碎料粥，1 歲 7 個月拒絕吃燉飯，直到兩歲才開始比較吃軟飯。

## 養壯的壓力

6 個月後的寶寶嬰兒肥會消失，成長也會較慢，原因是寶寶會厭奶、厭食，加上活動量大增，身長抽高。面對越來越瘦的孩子，媽媽的焦慮感會日漸加深，該怎麼將孩子養胖和壯呢？

餵奶是無法滿足此階段孩子的熱量需求，要養壯寶寶必須從副食品著手，而副食品要吃得好，孩子的胃就不能太小，真正能擴充孩子的「胃」是副食品。

### 重點 1 給孩子能順利進食的副食品

在孩子吞嚥能力還不是很好時，建議從食物泥開始，接著觀察孩子何時有咀嚼動作，慢慢轉換食物的型態，越來越接近固體食物。食物泥還有個很好的功能就是適當擴充孩子的胃，吞嚥順暢時就能確實吃到飽，很多媽媽會在寶寶還在練習吞嚥時就直接給固體食物（例如：7 個月就開始給寶寶吃白飯），因為無法順利咀嚼，寶寶嘴巴咬得很累而放棄吃，很快就餓了，少量多餐的循環下就會造成胃口很小。

你也許會有疑問：少量多餐不好嗎？養胖小孩必須用減肥的反方向思考，如果寶寶少量多餐，會因為寶寶的活動量比大人還大，一定胖不起來。

### 重點 2　轉換食物型態

在適當的時機還是必須改成餵粥，比如當孩子已經開始能自由咀嚼粥時；比起用調理機把白飯打成泥，煮粥中米的糊化程度比食物泥更好，澱粉占一餐的 1／2，小孩就會快速變胖。這個前提是孩子「已經用食物泥把胃口增大」、「能輕鬆吃下一餐粥」。當孩子已經活動量增大，卻依舊餵含水量大的泥時，孩子是胖不起來的。

### 重點 3　與大人相反的飲食

嬰幼兒需要適當的油脂、蛋白質、澱粉。膽固醇、必需脂肪酸，對 0～3 歲寶寶智力發展非常的重要，成人卻應該減少攝取。副食品要以天然食物為主，少攝取人工合成的藥錠（如：鈣粉、維他命），吃人工合成藥錠容易造成嬰兒身體負擔，根據醫學統計，兩歲嬰兒最欠缺的營養素為鐵、鈣、鋅、葉酸，你可以從天然食物中攝取這些營養素，而非直接給寶寶吃藥錠。

## 給寶寶副食品應注意事項

❶ 食物攝取多樣化，任何食物適量才能達到健康，過量都有害健康。

❷ 適當攝取纖維質、膳食纖維，但不宜攝取過多。我曾經輔導過一個便秘的案例，當時媽媽每餐都會給寶寶吃 150 公克的蔬菜，但是水卻喝不多，當媽媽將蔬菜降到 100 公克時，便秘的情況就大為改善。

❸ 適當攝取飽和脂肪酸，約一天總熱量的 7%～10%。例如：豬油，耐高溫，不容易氧化產生自由基，含有豐富飽和脂肪酸，也容易被腸胃吸收，豬油裡的膽固醇是寶寶智力發展所需，少量攝取也能解決便秘的困擾，過量則會拉肚子，故月齡較小或腸胃發育較不好的寶寶可直接從肉中攝取。

## 不會變胖的 2 個飲食方式

寶寶餐餐都吃一大碗，體重卻還是落在最後 3%～5%，有些媽媽會納悶是不是寶寶體質的關係，怎麼吃都吃不胖，這時你可以想想家庭飲食習慣是否就不容易讓人變胖。

### 方式 1  吃得太清淡

有些家裡習慣吃水燙青菜，炒菜幾乎不放調味料或油，但是寶寶需要熱量和油脂，與大人不同，就算要給寶寶吃水煮青菜，也記得補充肉類或油脂。

### 方式 2  家中不吃或少吃肉

媽媽可能為了家人健康，給寶寶吃副食品時只準備大量蔬菜、豆類，鮮少給肉，就算有肉，可能都是瘦肉。事實上，小朋友愛吃軟軟的肥肉，且適當的油脂能讓寶寶排便順利，不吃肉或少吃肉會讓寶寶攝取不到肉中的營養，每種動物性蛋白質都含有所需的胺基酸，單靠植物性蛋白質攝取會不足，如果家中吃素（我小時候家中就是吃素），也要吃奶和蛋。

如果怕豬肉太肥，可以考慮用全瘦的後腿肉混較柔軟的梅花肉給寶寶吃，各種肉類的平均熱量為豬肉＞牛肉＞雞肉，你可以用各種肉類平均交替給寶寶吃，不能因為怕油而只給寶寶長期吃單一肉類，畢竟各種肉類所含的營養素是不同的。

**鈞媽育兒 TIPS**

我遇過一個案例：媽媽家裡吃純素，寶寶也隨著媽媽吃，習慣清淡。後來媽媽覺得寶寶應該攝取動物性蛋白質，卻只要給寶寶吃肉就會拉肚子，長期吃太清淡的寶寶腸胃已經無法接受脂肪量較高的肉類。

## 📢 寶寶飲食進度大躍進

這十幾年可以觀察到寶寶的一個現象是，寶寶飲食進度非常快，常常不到 1 歲、甚至 9 個月就開始吃燉飯（也有更早），原因有很多，但並非每個寶寶都是一樣，所以不管妳的寶寶 1 歲後還在吃粥或是 9 個月就開始吃燉飯都不用著急，順著孩子的進度走就好，正確判斷寶寶狀況應該要從生長進度及醫師去判斷。

## ● 拒絕副食品的原因

前面曾經談到孩子厭食的原因，到了 9 ～ 12 個月時，孩子更有主見，會拒絕副食品，造成的原因如下：

### 原因 1　強迫吃下

孩子偶有吃不下的情況，焦急的母親如果強迫、大罵，硬要他吃下去，或是母親製作的副食品無法讓寶寶順利吞嚥，非常不好吃，長久下來，**寶寶對副食品就有不好的印象，進而排斥和懼怕吃飯時間**。建議先停止製作副食品，改成孩子愛吃的食物：水果、米精、蒸蛋、市售副食品等，或請他人代為製作副食品。吃飯時間時，用溫和的語氣，先硬塞進第一口，告訴他：「很好吃喔！」也不強迫他一定要吃完，避免在餐桌上對寶寶大吼大叫，慢慢改變他對副食品的印象。

## 原因 2　想跟大人一樣吃桌上食物

　　寶寶始終都想參與大人的飲食，對大人的食物充滿好奇，但大人的飲食普遍較鹹、大塊、硬，不適合寶寶，建議媽媽在寶寶長出臼齒前，還是餵適合寶寶的食物。當寶寶鬧著要吃大人食物時，你可以：

- 先把寶寶餵飽後，大人再開飯並拿燙熟的根莖類蔬菜（紅蘿蔔、地瓜），讓他拿著啃。
- 堅持小孩先吃完，才能再吃媽媽手做的餅乾或點心。
- 徹底將大人和小孩的吃飯時間分開。

**鈞媽育兒 TIPS**

　　身為媳婦，要養育一個「長子的長子」非常不容易；雖然公婆對我很好，有次跟鈞爸吵架吵到離家出走在外徘徊時（想回娘家可是又捨不得孩子），還是公婆打電話要載我回家而責備鈞爸。但養育鈞卻常常備受壓力，鈞瘦的時候被念：別人小孩都一天吃七八頓，怎麼鈞只吃三餐；胖的時候又被念：怎麼餵那麼多，胃口被撐大。甚至還會被念：怎麼都在餵餿水（食物泥）？我一轉身沒看見小孩時，鈞的嘴裡又被偷塞了一塊餅乾。

　　雖然我們都可以很輕鬆的安慰別人：健康就好，瘦一點沒關係！但在自己孩子身上卻完全不是這麼一回事，面對孩子日漸消瘦，就會越來越焦慮。能順利的把鈞養得壯壯（不是虛胖）和健康，這一路走來累積許多心得，都一一寫在本書與大家分享。

## 11 個食物轉換方式的問題

**Q1** 為什麼不用五穀米、十穀米、糙米煮粥呢？

　　五穀米雖然健康，但卻不適合嬰兒，五穀米中的糙米嬰兒難以消化、容易脹氣，寶寶需要的是分子細小或容易消化的食物，故在米類的選擇上還是以白米為優先考量，或是只加入少量和白米一起混煮、用調理機把難以消化的穀類打成泥，避免全採五穀米、糙米、十穀米。雜糧店販賣的燕麥帶殼難消化，如果要給寶寶吃少量燕麥，可選擇沖泡式燕麥片，比較好消化。

**Q2** 小孩不快點學會咀嚼，會不會以後都懶得咀嚼而依靠軟爛的食物？

　　我常安慰新手媽媽，沒有人一輩子都在吃泥吧！咀嚼是本能，只有發展快和慢的差別，隨著年紀和牙齒慢慢長齊，咀嚼的能力就會進步。吃泥較久的寶寶咀嚼的進度較慢，有可能到兩歲才開始吃粥；一開始就吃粥的寶寶咀嚼的進度較快，很可能 1 歲多就開始吃軟飯。只是進度的快與慢都不妨礙成長，像鈞直到 3 歲才能順利吃一般的米飯，跟鈞同齡的孩子 1 歲半就學會吃肉片和白飯，但兩者生長都無差別，只是鈞的食量較大、同齡孩子食量較小。如果想讓寶寶練習咀嚼，可以在餐後給予根莖類蔬菜、水果，練習啃咬和咀嚼即可。

**Q3** 不趕快學會咀嚼，會不會影響說話能力？

不會！說話能力首重在環境的刺激，男孩又會比女孩慢一點。我鄰居有位女孩，因為是老么，母親非常疼愛，只要女孩拉拉大人裙角，母親就會趕快猜女孩想要做什麼，根本不需要她開口，女孩到兩歲多都不會說半句話，直到上幼兒園。同儕刺激語言的效果也很好，大人說話的速度較快，孩子無法學習，跟同年紀的說話就沒這問題，像鈞上幼兒園不到1周就從單字變成句子。平時跟孩子在家時，可以用愉悅的語調和緩慢的說話方式，介紹他喜歡的事物，有助於語言學習，但是如果寶寶到兩歲多還不會說單字時，就可能有發展遲緩的疑慮，需要給醫療機構診斷。

**Q4** 為什麼寶寶常常被絞肉、較大塊一點的食物噎到？

對寶寶而言，直接吞食物比咀嚼食物輕鬆，蔬菜類比較軟，故能順利吞嚥，肉類則需要咀嚼，孩子很容易直接吞嚥然後被噎到，接著便吐出來。平時吃肉或大塊食物時，可以多鼓勵寶寶學習咀嚼，如果寶寶不願意，也不需要沮喪，幫他把肉打成泥、用剪刀剪小或湯匙壓碎，或把食物弄小塊一點，隨著年紀漸增，就會對咀嚼越來越熟練。

**Q5** 別的小孩很早就會吃粥或飯，我的小孩是不是發展有問題？

不要跟別的小孩比較，沒有意義！每個孩子都有不同的學習咀嚼進度，順著寶寶的發展才是對他最好的選擇，

**Q6** 能讓寶寶吃麵、餛飩或水餃嗎？

可以！如果寶寶吃粥吃膩時，可以將麵條煮得很軟很軟，或將肉打成肉泥包餛飩，通常寶寶都會很喜歡。

**Q7** 依本書鈞是 10 個月開始吃粥，可是我家 1 歲多的寶寶都還不願意吃粥，怎麼辦？

一般而言，咀嚼能力的發展從 10 個月開始，但不表示所有孩子都一樣，你可以試著給寶寶一點煮得很爛的粥嘗試，給他一點食物上的刺激，但是不用過度勉強他一定要吃粥，而是順著寶寶的學習進度才是對他最好的選擇。

**Q8** 我的寶寶 9～10 個月就不吃粥，我該怎麼弄燉飯給他嘗試？

妳可以善用電鍋或電子鍋，一開始可以採取 1（米）：3（水），再加上各種食材一起煮，等寶寶吃順後改 1（米）：2（水）。

更多燉飯作法請參考《鈞媽零失敗 低敏‧美味副食品暢銷修訂版》。

**鈞媽育兒 TIPS**　我平時蠟燭兩頭燒，常會把麵條加上大骨湯丟入電鍋煮，靠電鍋的熱度把麵條煮得非常爛，不過只能當場吃完，不然下一餐因為麵條吸水，整鍋麵都會黏成一團無法吃。

**Q9** 寶寶皮膚黃黃，是怎麼一回事？

這是因為攝取胡蘿蔔素較多，胡蘿蔔素會存在於深色蔬菜和橙黃色蔬菜中（紅蘿蔔、南瓜等），而 β-胡蘿蔔素、維生素 A 都是脂溶性，必須攝取油分、多曬太陽才能吸收該營養素。建議各種蔬菜輪流吃，營養均衡才能避免膚色變成深黃。

**Q10** 依照本章的表，為什麼粥的熱量比較高？食物泥中不也有加入米？

多數媽媽做食物泥的比例，習慣都是採用（澱粉）3：（蛋白質）3：（蔬菜）3：（水果）2 加 1 根香蕉，澱粉僅占整餐的 1 ／ 4，但是煮粥至少 1 ／ 2 是澱粉，人體所需熱量有 40％～ 50％來自於澱粉，自然是粥的熱量較高。

**Q11** 晚餐吃飽和 6 個月後睡過夜有一定的關係嗎？

沒有！晚餐吃飽是為了讓寶寶晚上睡更穩，如果發現寶寶習慣性上床哭到吐、睡一睡起床哭到吐，請你把晚餐設在睡前兩小時並減少晚餐的量。

# 3 煮粥的開始

食物泥雖然營養均衡，飽足感卻不足，長胖的速度也較慢，活動力或食量較大的寶寶建議在恰當的月齡轉換成粥。

## 讓粥美味的 6 道食譜

粥＝稀飯？不是的！二者不同，粥要煮到米粒全部糊化。白米超過 60 度就會開始糊化，煮到入口即化後就容易被腸胃吸收，非常適合嬰孩食用。

好吃的粥需要有好的高湯，**寶寶是天生的美食家**，清水煮粥會讓粥中帶有一股水味，好的湯底能替粥加分，就算沒有加其他食材，好的湯底也能煮出好吃的白粥。

### 食譜 1 蔬菜高湯

挑選甜度高的季節食蔬，香甜的蔬菜湯會讓寶寶更喜歡，並以循序漸進的方式加材料，100 公克的材料加入 6 百毫升的過濾水，熬煮 1～2 小時即可關火過濾湯頭。

至於熬煮完的蔬菜到底還能不能吃呢？可以的。家中所用的瓦斯爐火力並不能把所有蔬菜的甜度熬入湯中，蔬菜還是有些微的甜度，還是能弄爛給寶寶吃，補充纖維質。

## 蔬菜高湯製作材料

| | 材料 | 說明 |
|---|---|---|
| 第 1 次 | 高麗菜 | 記得挑選高山高麗菜,菜味比較重,但不要放太多。 |
| 第 2 次 | 高麗菜＋紅蘿蔔 | 挑選台灣本土的比較甜。 |
| 第 3 次 | 西芹＋高麗菜＋紅蘿蔔 | 除了甜味重的蔬菜,也能加入香氣較高的蔬菜,比如西芹。 |
| 第 4 次 | 洋蔥＋高麗菜＋紅蘿蔔＋西芹 | 洋蔥是高過敏性的蔬菜,一定要先確認寶寶是否對洋蔥過敏,台灣本土洋蔥比較甜,水分也多。 |
| 第 5 次 | 南瓜＋洋蔥 | 長型南瓜水分多較不甜,可選用圓形的南瓜。 |
| 第 6 次 | 玉米＋高麗菜＋紅蘿蔔＋西芹 | 玉米農藥多,建議挑選有機的較佳。 |
| 第 7 次後 | 自由組合有甜味和香味的蔬菜或肉類。 | |

### 食譜 2 豬大骨（排骨、豬肋骨）湯

豬骨湯香醇濃郁且味道接近牛奶,能襯托所有食材的味道而不搶味,是所有料理都很適合用的高湯,寶寶對粥的接受度也會大為增加。

**注意**

❶ 買豬骨記得要切成兩半,熬煮時才能讓骨髓流入湯頭中。

❷ 豬骨如果只熬 1 小時,熬不出骨髓和鈣質,等於熬肉湯。

| 材料 | ● 豬骨（排骨、豬肋骨）6 百公克
● 過濾水 3 千毫升

| 作法 |

❶ 先以一個鍋子將水煮滾後，將大骨或排骨放入滾水中燙掉血水，注意一定要將紅色的部分全部燙熟。

❷ 換另外一個高筒的鍋子，放入 3 千毫升的過濾水和 6 百公克的豬骨（排骨、豬肋骨），大火煮滾後蓋上蓋子轉小火，排骨熬 1 小時，大骨或豬肋骨則至少 3 小時，中間可以加點水。

❸ 關火冷卻後，放入冷藏，隔日用撈油匙將油脂撈掉。

## 食譜 3　柴魚昆布高湯

柴魚和昆布是煮海鮮粥的好幫手，能蓋掉魚的腥味且煮出海鮮的美味。

| 材料 | ● 10×10 公分的昆布 10 塊
● 柴魚片 50 公克（用紗布袋包起來）
● 過濾水（或豬骨湯）2 千 5 百毫升

**注意**：昆布上面的白色粉末有提味的功效，不要洗掉，但是昆布如果煮較久就會產生腥味，建議不要煮太久。

| 作法 1 |

前一天將昆布泡在大骨湯或過濾水中一整晚，隔天將昆布撈起來丟掉。湯煮滾後，放入用紗布袋包好的柴魚片，1 分鐘後就將火關掉，柴魚丟掉濾渣。

| 作法 2 |

將昆布放入過濾水或大骨湯中浸泡，放在瓦斯爐上，湯開始滾時立刻將昆布撈起來丟掉，再放入用紗布袋包好的柴魚片，滾 1 分鐘後關火，把柴魚丟掉濾渣。

## 食譜 4　雞高湯

雞湯香醇濃郁，故雞湯本身就是主角，適合煮雞肉粥，但要注意雞肉的腥味，可以多利用去腥的食材。

| 材料 |
- 雞骨（雞胸肉或雞腿皆可）6 百公克
- 過濾水 2 千 5 百毫升
- 蔥 3 支

| 作法 |

❶ 先煮一鍋滾水，將雞骨（或雞胸肉、雞腿）放入汆燙 10 秒。

❷ 準備另一個鍋子倒入 3 千毫升的過濾水和整支蔥，煮滾後放入雞骨（或雞胸肉、雞腿）。

❸ 開小火蓋上蓋子，慢火熬煮 60 分鐘，關火冷卻後放入冷藏，隔天撈油濾渣。

## 食譜 5　小魚乾高湯

小魚乾高湯是需要功夫才能熬得好的高湯，但是富含豐富的鈣質，是道絕佳的高湯。小魚乾不能煮太久，以免湯變成苦的。

| 材料 |
- 小魚乾 30 公克
- 過濾水兩 2 千毫升

| 作法 |

❶ 先把小魚乾的頭去掉，如果太大隻可以切成兩段。

❷ 放入炒菜鍋中文火炒，不需加油，只要炒出香味。

❸ 把炒過的小魚乾放入鍋中，再倒入冷的過濾水 2 千毫升，開大火煮滾後轉小火，等 20 分鐘就關火、濾渣。

## 食譜 6　魚高湯

　　虱目魚是台灣常見的魚類，含有豐富的維生素 $B_2$、A、E、鈣質等，是非常營養的湯頭，只是要注意虱目魚脂肪是高普林食物，不能攝取太多。也可以選用白肉魚，請攤販幫你把魚肉和魚骨分開，熬湯可以連肉和骨頭一起下去熬。

| 材料 |
- 白肉魚（魚頭、魚骨）6 百公克
- 過濾水 1 千毫升
- 薑片少許

| 作法 |

❶ 要將魚的內臟去除，魚血也一定要洗乾淨，否則會產生腥味。

❷ 將魚肉（魚頭、魚骨）、薑片，放入 1 千毫升過濾水，先開大火煮滾，不必蓋蓋子也不要攪拌，水面要一直保持小滾的狀態，小火熬煮 20 分鐘即關火、放涼，放入冷藏隔天撈油濾渣。

**鈞媽育兒 TIPS**

想煮出一鍋美味的湯，最好是能在湯鍋旁邊一邊煮一邊不斷的撈浮末，火力要一直維持在小滾的狀態。如果媽媽很忙無法守在瓦斯爐旁邊，也可以退而求其次放著讓湯滾就好。

所有的材料放進鍋中，一定要注意水是否有淹過材料，否則煮出來的湯頭會過少。

## 煮粥不難，2 種煮法

想將白米煮化成粥，盡量選含水量豐富的米種或新米較佳。挑選白米時，要注意米粒是否粒粒完整、整包米是否大小平均、光澤是否晶瑩剔透，選對米能讓你輕鬆煮碗好粥，選錯米則會發現怎麼煮米都化不開，依然像是水泡飯。

平日先將米洗過，把水濾乾後分裝冷凍，要煮時再拿出來使用。

### 煮法 1　瓦斯爐煮粥法

**STEP 煮粥步驟**

STEP ❶ 先將白米浸泡 1 個小時。

STEP ❷ 米和高湯的比例為 1：7，切細的根莖類蔬菜跟高湯一起倒入鍋中。

STEP ❸ 高湯煮滾後，倒入浸泡過的米，稍微攪拌一下（避免米黏鍋），這時候你可以關火蓋蓋子離開 10 分鐘去做自己的事情，10 分鐘後開大火將湯煮滾後轉中小火熬煮，慢慢用湯匙翻動鍋底（避免米黏在鍋底燒焦），煮到白米變成比飯更軟的飯粒時（約 10～20 分鐘），撈出一些高湯放在旁邊備用，蓋蓋子燜 30 分鐘，將粥燜到爛，30 分鐘後如果覺得不夠爛，開小小火用筷子快速的攪拌，將粥煮更爛和更糊。

STEP ❹ 切碎的葉菜類在煮到一半時倒入鍋子跟粥一起煮，不好吞嚥的食材需另行蒸熟打泥，待粥煮好時才能加入粥中。

STEP ❺ 將粥放涼，等要開始給寶寶吃時，再將剛剛另外撈出來的湯倒回鍋子中，這是為了避免米粒把高湯吸乾，造成粥過稠。

**鈞媽育兒 TIPS**　泥類的食材一定要等粥完全煮糊才能加入粥中，太早加入泥，米粒會一直保持完整形狀，無論如何都無法煮到化開。

## 煮法 2　懶人煮粥法

上面的煮粥法必須花時間在瓦斯爐旁邊守著，也很容易把粥煮到燒焦，以下是比較簡單和適合新手媽媽的煮粥方法。

**方法 1　用白飯在瓦斯爐上煮**：先用 1 杯米，2 杯水的比例煮成飯，再用（飯）1：（高湯）7 的比例用瓦斯爐煮成粥。（這裡指的杯都是煮飯用的量杯）

**方法 2　用電鍋煮**：比例為（米）1：（高湯）5，用米或白飯都可以，將切碎的根莖類蔬菜和白米（或白飯）放入電鍋，外鍋放 2 杯水，等跳起來後再燜 30 分鐘，打開來後攪拌，讓粥更爛，如果不夠爛，外鍋和內鍋再各加 1 杯水下去煮。葉菜類和肉泥要等粥煮到一半時再打開鍋蓋，將材料放進去和粥一起煮熟。

**方法 3　用調理機將白米打碎再煮粥**：用電鍋煮米和高湯比例為 1：5，用瓦斯爐煮為 1：7，煮法如上述。預先用調理機將米打碎，煮糊的速度會更快。

**方法 4　用壓力鍋煮**：比例為 1：5，米和水同時放入鍋中，水滾後轉小火煮 5 分鐘就完成。

**鈞媽育兒 TIPS**　最好先自己嚐一下煮好的粥，如果能順利吞嚥才是完全煮化的粥。寶寶一開始從食物泥改吃粥時，可以先煮 8 倍粥（1 杯米比 8 杯高湯，用電鍋煮），等 8 倍粥吃習慣後，就可以慢慢減少煮粥的水分，5 倍粥（1 杯米比 5 杯高湯）吃的時間最長，很多 1 歲半後的孩子都能吃到 3～4 倍粥。

## 煮粥要注意的問題

### 問題 1　冷凍粥會出現的現象

　　粥會越煮越稠，分裝冷凍後，再拿出來解凍加熱，一開始是稠粥，但粥慢慢冷卻下來後，加入粥中的高湯和含水量高的蔬菜中的水分就會慢慢跟固體粥分離，你會看到粥的水越來越多。這是澱粉的特性，遇熱濃稠，冷卻後則不再濃稠。

　　因此做泥粥時，以調理機打泥記得不能加太多的水，不然再度解凍加熱時，所加的水分都會慢慢釋放出來，粥就會越來越稀。

　　你也可以加入會吸水的食材來改善這個現象，如：馬鈴薯、地瓜、芝麻粉、山藥、松子粉等。

### 問題 2　切勿將粥重複放冷又加熱

　　孩子不一定每次都會將粥一口氣吃完，有些媽媽會習慣將孩子吃剩的粥放到下餐再加熱給小孩吃，熱熱的粥放入冷藏或是放在室溫下冷卻，都容易造成腐敗，加上黏稠、濕度高的粥比其他菜餚更容易腐敗，建議剩下來的粥最好由媽媽當餐吃掉或丟掉（食物輕微腐敗時，多數人都沒辦法察覺，除非你的味覺或嗅覺很敏銳）。

### 問題 3　不要將粥放在電鍋中保溫

　　電鍋中溫熱的環境剛好適合腐敗菌活躍，尤其像高麗菜、絲瓜這類食材都很容易在電鍋中腐敗，建議煮好粥後，拿到電風扇下面吹涼，再移到冷藏冷凍冰存。也不可以把熱熱的粥直接拿去冷藏或冷凍，因為鍋子外圍冷卻較快，但是鍋子的中央還維持濕熱，食物會從鍋子中央部分先腐敗。

## 獨家好粥——鈞媽拿手粥食譜

### 鈞媽拿手粥 STEP　蔬菜小寶寶粥

**材料**

- 米 1 杯（140g）
- 紅蘿蔔 30g
- 紅肉地瓜 120g
- 花椰菜少許
- 豬後腿肉 60g
- 大骨湯 980 毫升（或其他高湯）
- 豬油少許

**作法**

1. 熱鍋後放入豬油，加入蔥、蒜把油爆香，蔥和蒜撈起來後放入後腿肉，小火慢慢炒熟，接著用調理機加水打成泥，放在旁邊備用。

2. 將地瓜、紅蘿蔔切成 0.3×0.3cm。花椰菜另外用熱水燙熟。

3. 大骨湯、紅蘿蔔放入鍋子煮滾後，轉中小火放入地瓜、米慢慢攪拌，10～20 分後等米煮成比飯更軟的顆粒時，蓋蓋子燜 30 分鐘，再打開蓋子攪拌，讓粥更糊爛，煮好後再放入豬肉泥、花椰菜就大功告成。

## STEP 鈞媽拿手粥　黃瓜豬肉粥

### 材料

- 大黃瓜 150g
- 紅肉地瓜 20g
- 高麗菜 100g
- 豬後腿肉 60g
- 大骨湯 980 毫升（或其他高湯）

### 作法

1. 大黃瓜、紅肉地瓜和高麗菜，切成 0.3×0.3cm。

2. 熱鍋後將豬油放入，加入蔥、蒜把油爆香，蔥和蒜撈起來後放入後腿肉，小火慢慢炒熟，接著用調理機加水打成泥。

3. 將大骨湯煮滾後，放入大黃瓜、高麗菜、地瓜，再度滾時放入米，慢慢攪拌到米膨脹比飯更軟的顆粒時，蓋蓋子燜 30 分鐘，再打開蓋子攪拌，讓粥更糊爛，煮好後再放入豬肉泥。

## 鈞媽拿手粥 南瓜栗子泥粥

### 材料

- 南瓜 150g
- 去殼栗子 15g
- 後腿肉 60g
- 大骨湯 980 毫升（或其他高湯）

### 作法

1. 栗子前 1 天先泡水，煮前先用小刀子把縫隙處挑乾淨，跟切好的南瓜放入鍋中，倒入大骨湯 980 毫升一起煮熟。煮熟後將南瓜和栗子用調時機不加水打成泥狀。

2. 熱鍋後將豬油放入，加入蔥、蒜把油爆香，蔥和蒜撈起來後放入後腿肉，小火慢慢炒熟，接著用調理機加水打成泥。

3. 用剛剛與南瓜、栗子煮過的大骨湯，煮滾後放入米，慢慢攪拌到米膨脹比飯更軟的顆粒時，蓋蓋子燜 30 分鐘，再打開蓋子攪拌粥，讓粥更糊爛，煮好後再放入豬肉泥、栗子南瓜泥。

## 4 較大月齡的睡眠訓練

0～6個月時，你還不知道原來寶寶可以自行入睡，或是無法忍受哭泣聲，家人也不讓寶寶哭。但6個月後，寶寶養成的那些入睡習慣已經讓你無法忍受，或是寶寶睡眠品質日漸惡化，你不得不開始思考是否應該尋求改變。

有些媽媽以為6個月後才來訓練自行入睡是不可能、很困難的，或只好一直放任小孩哭到睡著為止，這樣的想法大錯特錯。6個月前，寶寶因為無法有足夠的活動讓自己疲憊入睡，才會藉哭泣學習自行入睡。

自行入睡的訣竅只有一個，讓孩子反覆習慣累到自己睡著。有些習慣抱著哄才能入睡的孩子，在母親刻意減少白天小睡時間，6個月後孩子會常常不小心累到自己睡在沙發上，隨著時間流逝，漸漸習慣累就自己閉起眼入睡。這和戒尿布的道理一樣，讓孩子（膀胱）生理成熟，反覆感受膀胱很脹和告訴媽媽自己要尿尿、如果尿濕褲子會很不舒服。等待他（自行入睡的能力）生理成熟，不需要讓他哭，帶著他練習很累後自己睡著，很簡單就能讓孩子學習到自行入睡。

假如你在6～9個月後才接觸到這本書，建議從這章開始看。

## ● 如何教孩子累了就能睡？

大多數的媽媽在寶寶出生前就已決定傾向哪個方法來帶孩子，中途改變者少，想尋求改變是因為寶寶的睡眠日益惡化，或超過母親的負荷（很多媽媽在長期失眠下造成內分泌失調、媽媽手）。

對寶寶而言，從哄睡改成自行入睡，就是入睡習慣的改變，要改變習慣有很多方式，就像戒菸一樣，媽媽可以從旁觀察孩子的個性，尋求各種方式來改變這個習慣。

通常哭到極點，孩子一樣會累到睡著，是可以達到「累極而睡」，只是很少媽媽可以忍耐這樣的哭聲，且這時候孩子已經跟媽媽有極深厚的感情。突然開始讓他哭到睡，孩子會以為媽媽改變或不愛他，產生極大的不安感，白天會更黏媽媽，動不動就哭，大多數的母親會被哭聲折服，如果就此放棄，過些日子想再來嘗試，孩子一定會哭得更猛烈來讓母親妥協，這也是很多母親抱怨哭到睡對自己孩子一點用都沒有的原因。這時候的孩子往往很能哭，哭上 1～2 個小時都沒問題，哭聲也非常大聲。如果母親夠堅持，孩子也會在哭泣中學習到累極而睡，白天也會因為晚上沒睡好而不停打瞌睡，孩子學習的速度很快，很快就會抓到自行入睡的訣竅。

假如母親堅持不再哄睡，讓孩子哭到睡著，孩子會由這種身體語言了解母親想表達的意思，孩子和母親之間的感情也不會哭一哭就被破壞，慢慢又會建立起安全感和親密感，也不必擔心孩子心理人格會有陰影。

**缺點**

哭到睡有個缺點，就是會隨著月齡效果越來越差。新生兒時期可以 20 分鐘進去看一下抱一下；但是 8 個月後的固執孩子就必須讓他徹底的哭到睡著，個性溫和的孩子也必須把延遲滿足的時間拉到很長，否則就會變成「訓練孩子用哭，媽媽就會妥協」，失敗的原因都在於母親心軟，故會隨著月齡效果越來越低。但這是唯一的方法嗎？不是的！

### ✿ 6 個月後可以用溫和的方法

上面談到讓孩子哭到睡的方法是困難又折磨人的，6 個月後可以用溫和的方法幫孩子改變習慣。以下是開始教孩子自行入睡的事前準備：

- 觀察孩子目前的作息狀態，並記錄。6 個月後的孩子通常已經擁有自己的生活模式，做紀錄能幫助媽媽了解該怎麼刪減或調整作息。
- 飲食模式需要改變，盡量以副食品為主，並將 1 天改成 3～4 餐。
- 白天，尤其是晚餐（距離睡前 1～2 小時），一定要讓孩子吃飽且晚餐休息後才上床睡覺。
- 先讓孩子學習自行入睡成功後，才能考慮獨睡一間房或嬰兒床（漸進施行），避免兩者同時進行。
- 睡前幫孩子洗個澡，從事安靜的活動，避免讓寶寶過度興奮。
- 建立起睡前儀式，開小燈後就跟孩子一起上床入睡。

## ● 自行入睡的 2 個方法

### 方法 1　積極的方式——緩和的教孩子自行入睡

**案例**

> 玉玲媽媽的女兒已經很習慣奶睡（10 個月），一直考慮是否要斷母奶才能讓孩子晚上不含著乳頭入睡，我請她先不要斷母奶，只要入睡時改成輕拍女兒的背入睡即可。
>
> 一開始，晚上女兒很累想睡覺時，因為等不到媽媽奶睡而哭鬧，媽媽開小燈躺在床上抱著她、輕輕拍著她的背或躺在旁邊，約一星期後，女兒漸漸習慣躺在媽媽身邊，雖然不會一下子就入睡，但是會在媽媽旁邊玩一會再睡。
>
> 當女兒半夜醒來討喝奶時，我教玉玲媽媽慢慢縮短喝奶的時間，比方說原先夜奶都要喝 10 分鐘，就慢慢從 7 分鐘、5 分鐘、兩分鐘減少，接著抽出乳頭，並注意不讓女兒喝到睡著，直到可以只安撫而不餵奶。一開始女兒會哭鬧，但久了就會改變女兒的習慣，不再喝夜奶。

　　媽媽首先每天固定時間起床，時間到就叫寶寶起床、吃早餐，在訓練期間不必實行規律作息。

　　白天開始，讓孩子玩到很累後帶他到睡覺的地方（比方說嬰兒床或大床）繼續玩到睡著、保持兩次短暫的小睡；晚上則吃完晚餐、洗完澡後，進行靜態性的活動，等孩子真的很睏時，才關燈或開小燈陪他到睡著，就算大人自己不小心睡著也沒關係。這時候必須有耐心的等待孩子累極而睡，不管多晚都不用強迫寶寶睡覺，假設哭鬧著要奶睡或搖睡，大人也只要安撫他，讓他漸漸習慣這種沒有奶睡哄睡的入睡模式。

等到孩子都不需要大人從旁協助哄睡後，再慢慢幫孩子把整個作息固定下來，也讓孩子習慣關燈就是要睡覺。

等作息又重新固定後，白天盡可能多消耗寶寶體力、陪他玩。晚上如果寶寶淺眠醒來討夜奶，可縮短餵奶時間，只要吸幾口就可以抽開乳頭或奶嘴、奶瓶，注意不給寶寶吸到睡覺。

### 方法 2　消極的方法——只改變入睡方式

很多媽媽覺得哄睡、奶睡很甜蜜，喜歡這種感覺，不希望做太大改變，只想換一種更沒有負擔或自己想休息時也能給其他家人照顧的哄睡方式。

哄睡方式的改變在很多家庭裡，往往是極其輕鬆，像我認識的一個媽媽住在大家庭，因為婆婆不允許小孩哭，她就改成一邊放音樂一邊輕拍小孩入睡，夜裡如果淺眠醒來還是輕拍入睡，作息調整得很好，4、5個月後就算媽媽沒有輕拍，只要喝完睡前奶就跟媽媽一起入睡，雖然還是存在陪睡的問題，但能減輕媽媽的負擔。

**重點**　訣竅只有兩點：確認孩子累了（作息要正確調整）、新生時就不要使用會讓大人造成負擔的哄睡法。

① 改由其他家人哄睡，讓孩子的入睡習慣重新建立，也許一開始會很辛苦且孩子會抗拒，一個禮拜後會慢慢習慣。舉例來說：本來寶寶在媽媽身邊都是奶睡，現在改由爸爸躺著陪睡、哄睡，因為孩子在爸爸身邊無法奶睡，過一段時間後，就算回到媽媽身邊睡覺，就能不再奶睡，媽媽需要休息時也能改由爸爸照顧。

② 母親直接捨棄對自己會造成負擔的入睡方式，改用其他方式哄睡，達到親子和諧。一開始小孩也同樣會哭鬧或不睡，通常也需要一段時間的堅持才能換成新的習慣。

## 較大月齡睡眠上的 2 個常見問題

**Q1** 寶寶不再奶睡或不再吸奶嘴入睡，為什麼晚上反而好像都不睡覺，非得很晚才睡，早上也很早就起床？

因為一時之間寶寶失去入睡的方式，就會等到非常累才會累極而睡，淺眠醒來同樣缺乏學會自己再入睡的方式，就會自動醒來，媽媽自然會覺得寶寶的睡眠似乎變短，但這只是過渡期，長時間孩子會慢慢習慣新的入睡模式而恢復正常。

**Q2** 我照著上面所寫的做，怎麼沒有效果？

不管用何種方法，母親都必須要有持之以恆才能看到效果的心理準備，改變習慣不像泡麵，3 分鐘就泡好，往往需要持續 1 星期～ 1 個月後才能看出成果。

## 5　9～12個月的教養

9～12個月的孩子開始慢慢脫離嬰兒期，往幼兒期邁進。這段時期智力會大幅邁進、很有主見，也是個性成形的時期，很多媽媽會覺得寶寶個性不穩，因為寶寶不停想表達意見，無法表達時就開始哭、哎哎叫，你想了解他，他偏偏又不會說話，無法理解大人語言，令你無所適從。到底該怎麼與這小小人相處？

### 嬰兒教養的 3 個迷思

**迷思 1　盡力滿足他的「要求」，卻不教他「限制」**

母親覺得他只是個「嬰兒」，教也是沒有用，又聽不懂，不如順從他。忙碌的母親會希望盡快結束小孩的哭泣聲，哄他、滿足他、讓他快樂。

例如：小孩哭鬧不想坐在餐椅上吃飯，媽媽覺得他也不懂，就妥協讓小孩一邊玩，媽媽一邊追著餵飯。

**迷思 2　覺得孩子哭就該安撫，卻不教他理解、處理情緒或忍耐**

寶寶在這時候會開始展現自己的慾求和情緒，像一個小小的火藥庫，假設你沒有引導他如何理解和處理情緒，隨著年紀增長就會宛如火藥庫一樣爆炸（引導的方法請見 p.264「教養要一致、堅持到底」）。

例如：分離焦慮期時，媽媽不想讓孩子哭，一直緊緊抱在身上，寶寶就不會理解物體恆存的概念，也覺得媽媽不能夠離開身邊，只要媽媽一離開就不安而嚎啕大哭。

## 迷思 3　認為小孩就該順從大人，不察情緒背後的原因

嚴厲的母親會採高壓教導，只要寶寶一做錯事，就嚴厲責罰。忽略寶寶的月齡應有的行為，稍有不順父母就對他大吼大叫。

例如採高壓教養孩子：寶寶已經不想吃，媽媽卻強求一定要吃完，出發點是害怕孩子沒吃飽，會長不胖，卻忽略孩子個人意願。

又例如忽略寶寶的月齡：孩子是健忘的，同樣的教導必須一而再、再而三的教，很多媽媽總是忽略這點，認為狠狠打小孩一次，他就會記得。

## 3 種不同個性的教導方式

哭鬧不休時，必須觀察背後的原因，了解孩子的個性，再決定如何處理。孩子會隨著環境、父母的身教，形塑個性，這個性並非絕對不變，父母的教養決定了孩子未來的個性。個性可分以下三種：

### 個性 1　固執型

這類型的孩子往往好動又脾氣固執，可以哭上 3 小時都不停，在面對這樣的孩子，必須更有技巧的引導孩子情緒，視狀況而採取各種方法（見 p.264「教養要一致、堅持到底」）。

### 個性 2　圓潤型

　　這類型的孩子非常好帶，好吃好睡，也容易相處，連溜滑梯還會先讓小朋友溜完他才溜。媽媽可以試著欣賞這個優點，不用太過強迫他需要跟他人打招呼、保護自己等生活常規。哭鬧時也能試著轉移注意力。

### 個性 3　敏感型

　　這類型的孩子常常在分離焦慮期過去後還黏著父母，敏感、不願接觸陌生人。建議大人不用太過黏著孩子、事事替孩子的心情著想。試著多帶孩子出門跟人接觸，學習跟其他小朋友一起玩。哭鬧時，父母的態度可以堅定的冷處理，如遇到困難可多擁抱他，鼓勵他去嘗試。

**鈞媽育兒 TIPS**

朋友的小孩有一陣子吃飯吃沒幾口就開始大哭，朋友走出門外冷處理，等孩子停止哭泣就回來餵，一餵又開始大哭。經過觀察哭鬧背後的原因，發現寶寶是因為綁在餐椅上很不舒服，後來改回餐搖椅後便解決，能快樂吃飯了。

### 媽媽要學習深呼吸

常聽到某某媽媽失控打了小孩，然後又後悔。沒錯！從 9～12 個月開始到孩子上學，個性想法已經形成，勢必會和你有意見相左的時候。

1 歲前（每個階段的教養方法都不一樣），你要懂得擇善固執，當孩子有任性的要求，而你無法替他達成時，他就會放棄哭嗎？不，孩子會用更強烈的哭聲來要求，所以孩子的哭聲通常都是如下圖：

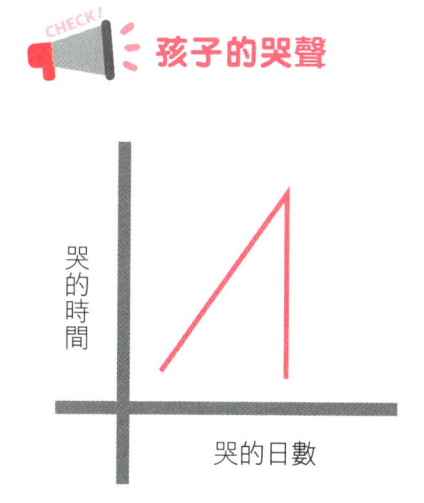

**CHECK! 孩子的哭聲**

（縱軸：哭的時間；橫軸：哭的日數）

抱或不抱孩子是一門很大的學問，為了避免孩子變成一種制約反應：我只要哭，媽媽就會達成我的任何要求。媽媽就要養成好習慣：先想 1 分鐘，再採取行動，而不是孩子一哭就立刻衝上去抱起來哄。火氣上來時，也記得先深呼吸，冷靜下來，別失控。當你想狂扁小孩時，寧可自己走到門外讓小孩哭，也千萬不要失控打下去（尤其是掌摑很容易發生意外），失控的力道往往會發生令人遺憾的後果。

## 教養要一致、堅持到底

家裡訂定簡單的幾個規定,尤其要將危險性高的物品堆高。日常生活中如果無法滿足小孩,小孩卻用大哭來要求時,該怎麼辦呢?

### 方法 1 冷處理

當寶寶發怒或大哭時,就算說道理也沒用,不如冷處理讓寶寶冷靜一下。你可以在旁邊看書或假裝玩玩具,他哭一哭覺得無趣就會過來陪你玩;假如因為你在旁邊而哭得更大聲,你可以走出門外。寶寶會在這過程中了解到不是任何要求都能用哭達到,知道限制所在(媽媽不是每件事都順著他意)、等一下、忍耐一下(媽媽現在正在忙,等下就會陪你玩)或處理情緒(哭不是解決事情的方法),這也是另一種讓寶寶發洩情緒、認識情緒的方式。

如果是固執的寶寶,他表現憤怒方式是:生氣時撞頭或往後仰,有兩個方向可以處理:

**方向 1　讓他撞**:他會知道痛,承擔撞頭的後果。

**方向 2　如果寶寶出現更激烈的自殘行為**:將他放入嬰兒床或有保護的環境,讓他盡情發洩情緒(撞),等他冷靜下來再去抱他出來。例如:想爬進危險的廚房、不吃飯想吃糖果餅乾、覺得無聊亂哭,可是你正在忙時,請堅定的告訴他:媽媽忙完就會陪你玩。

## 方法 2  轉移注意力

9～12 個月的寶寶，可以多用這個方法，用別的物品吸引他的注意力。1 歲前的寶寶注意力很短，用別的聲響或玩具就能轉移注意力。

例如：寶寶搶別人的玩具，可拿屬於他自己的玩具跟他交換，同時也是在教他不能搶他人玩具。吃飯時開始分心時，可以唱唱歌吸引他的注意力，真的不想吃就收起來（千萬不要開電視餵孩子，長久下來會更無法專心），或是你完全找不到為何他會哭鬧的原因時，轉移注意力也是個很好的方式。

## 方法 3  擁抱

如果寶寶是因為遇到困難不想嘗試，請鼓勵他繼續做並給予一個擁抱，如果真的不願意也不勉強。

## 方法 4  提醒再提醒

如果所有方法都試過了，打也打了、說也說了，還是一犯再犯，怎辦？寶寶永遠會向父母挑戰，也永遠健忘，記得小時候我媽媽最常罵我的一句話是：為什麼你都講不聽。放輕鬆，你只要盡到一再提醒的責任就好。

## 方法 5  不以大人的角度要求

嚴厲的母親常犯這樣的錯誤，看見別的孩子已經會走，就覺得自己的孩子也應該要會；看到別人的孩子會拼圖，就開始強力訓練小孩；希望孩子應該要會乖乖玩、不吵鬧，強力要求孩子自己獨玩（獨玩跟陪玩其實一樣重要）；希望孩子半夜不會起床；希望孩子不能害羞內向；希望孩子出門都乖乖。這樣的態度會讓母子壓力都過大，孩子也能感受到你對他的壓力。

當你發現一整天都在狂吼、打小孩時，就表示你已經以大人的角度看待孩子。請檢視你對孩子的要求，哪些不是這個月齡辦得到的，將家規簡化到幾項即可。以我家的家規為例：

- 睡覺要自己睡。
- 吃飯要坐在餐椅上。
- 不能玩電線或插座。
- 不能爬進廁所和廚房（廚房有放門欄，不過鈞很快就學會開門）。

## 方法 6　其他生活上的教養重點

### 重點 1　媽媽有權力決定小孩吃什麼食物

有帶過孩子的都知道，吃飯永遠是媽媽最大的壓力。在孩子不吃時，有些媽媽會拿肉鬆、海苔醬、滷汁加在粥或飯中。當媽媽盡力改變飲食、找尋寶寶喜歡吃的食物時，請記住：**寶寶也有權利選擇吃或不吃**。孩子真的不願意吃就收起來，保持餐桌上的愉快，也避免寶寶對副食品更排斥。

### 重點 2　不要訓練小孩哭

當下決心要讓小孩哭時（9～12個月），無論睡眠或日常生活，千萬不要哭個十幾分鐘就妥協，這無異於訓練小孩哭，這個月齡的孩子都非常能哭，往往能哭上 2～3 小時，務必要等到孩子哭到小聲（哭到低點）或停止時，再進房安撫。例如：鈞個性非常倔強，假如不願意睡覺時，我會用監視器在外面看，避免他看到媽媽就更哭個不停，他看不到媽媽反而哭個幾聲就停了。

### 重點 3　學習收玩具

9～12 個月的寶寶多數還在爬，你可以每天在睡前收玩具給他看，等會走後就一樣一樣放在他的手上讓他丟進玩具桶，從小開始學習收拾，這是學習自動自發的第一步。任何習慣都要長久時間養成，例如：鈞約 9 個月我就開始收玩具給他看，1 歲多會要求他一樣一樣玩具自己收，兩歲時教他分門別類收玩具，這些都需要媽媽的堅持和以身作則。

### 重點 4　在外吃飯

從會坐開始，在外吃飯都要習慣坐在餐椅上，爸媽可以挑他肚子餓的時候上館子（帶著他的食物），吃飽後拿米餅給他吃或玩具給他玩。一開始寶寶還不習慣時，你可以將吃飯時間掐在半～1 小時結束，慢慢拉長時間，避免夫妻兩人一個抱小孩一個吃飯。寶寶養成習慣後，隨著年紀增長就更會在餐椅上吃飯，不亂跑。

### 重點 5　以自由發展取代拘束

很多媽媽此時都會拚命想東想西來跟孩子玩；但是輪到自己有事情要做時，孩子緊緊黏著自己，然後才叫苦連天。從鈞 6 個月開始，我會引導他將整個房間當作自己的遊戲間，雖然我每天都當「跪婦」，跪在地上擦地板；在一開始鈞還不太會爬時，我將玩具放在鈞的身邊，而且盡量選會滾動的玩具讓鈞追，所以鈞在短短一個月內就從匍匐前進到四肢著地的爬，並開始學坐穩，這時候開始不要害怕孩子跌倒，孩子必須在不斷的嘗試中長大。

重點 6 ▶ 養成專注力

- 孩子玩玩具時,千萬別打斷他,如遇到要洗澡、吃飯時,提早告知。
- 每天在飯後陪孩子看書,翻給他看或隨便孩子亂翻。故事書不一定要從頭念完,陪孩子亂念就好。
- 不必給孩子太多玩具,只要孩子感興趣的就好,可以一段時間就收起一部分玩具,把另外一部分拿出來,就算是保特瓶也是好玩具。1歲以前的小孩不需要太專門的玩具,家裡的鍋碗瓢盆都是很好的。

## 教養上的常見問題

**Q1** 什麼時候能幫寶寶戒吸手指、奶嘴或人體奶嘴呢?

口慾期約1歲半～2歲結束,約6個月開始可以帶入安撫物(比如小被子、娃娃等,盡可能選可以替換清洗的),有些孩子就會改成抱安撫物入睡。滿足口慾和心理需求非常重要,不必太早戒掉奶嘴或手指,應讓寶寶自由的滿足口慾期,等到1歲半～2歲再戒較恰當。可用防咬指甲油塗在指甲上,讓寶寶戒掉吸手指習慣。白天多讓小孩學爬、探索,讓他沒空吸手指。

## 第七章

## 不論「百歲」或「親密」都不能盲從

## 1 該選擇百歲育兒還是親密育兒？

很多媽媽都是靠書和網路在帶孩子，而帶孩子的方法也越來越多，目前較為人所知的就是「百歲育兒」和「親密育兒」兩大方法。

我在懷孕時就接觸到百歲育兒，當時看完薄薄一本書就充滿信心，誤以為原來帶孩子就是這麼簡單，孰知生下鈞後，遇到非常多的困難和問號，在帶鈞的過程中逐漸摸索到更多屬於自己獨特的育兒方法。很多媽媽將規律作息、自行入睡、戒夜奶歸給百歲育兒，也常誤解親密育兒就是隨便小孩吃、隨便小孩睡、哭就趕快抱，甚至有媽媽連相關書籍都沒看過就擅自將帶孩子的方法歸納給其中一方，其實每種育兒方法都有相同和不同的地方，所有的育兒方法也都有其優點與缺點，沒有一種育兒法是完美的，要由媽媽來選擇適合自己的方法（或擷取適合自己的），不能盲從。

### 百歲育兒——優點與陷阱

這個名詞是台灣媽媽論壇所延伸出來的育兒方法，名詞源自美國丹瑪醫師（Dr. Denmark），在台灣經過很多媽媽改良及修正，網路上都能搜索到。

百歲主要精神在於寶寶應學習自己睡覺，媽媽主動幫助寶寶睡過夜；副食品部分則主張要給寶寶吃好消化的食物泥直到臼齒長出來。

然而規律作息、自行入睡、戒夜奶並不是百歲醫師所獨創，本來就有許多育兒專家和醫師說過；但在台灣，所有談論到相關的書籍、話題都歸給百歲育兒。

## ⭕ 百歲育兒的優點

在寶寶出生後一個月就訂下規律作息，以最快速度養成飢餓循環，以及與家人一致的日夜生活，讓母親能預期寶寶的狀態，如果寶寶生病或發生事情，母親都能很快察覺到。

寶寶也能以最快速度學習到淺眠時安撫自己再度入睡，故百歲寶寶幾乎在 3 個月後都能擁有穩定夜晚連續睡眠（10～12 小時）。寶寶 1 歲以前母親依舊能照顧全家和擁有私人時間：寶寶白天小睡時，媽媽可以做家事；寶寶清醒時可以陪他玩；寶寶晚上睡覺時，可以跟先生有親密時間，不必擔心小孩會醒來哭。

百歲育兒意即將自己與寶寶的生活規律化，能將寶寶、家庭、先生都照顧到，不至於一團混亂，維持「個人與家庭的平衡」。

## ❌ 百歲育兒的陷阱

很多媽媽常閉門造車，以自己認為對的方式帶寶寶，出了問題常不自覺，以下就是媽媽無自覺下所犯的問題：

### 陷阱 1 飲食

百歲提倡寶寶可以吃食物泥吃到牙齒全長齊（約兩歲），食物泥的優點可以讓寶寶攝取充足的營養且好吞嚥好消化。也因為好吞嚥消化，食量會漸漸增大，只是當食量到達極限，胃容量又不可能無上限增加，食物泥卻無法提供更多的飽足感，致使這餐吃完很快又肚子餓。

另外，百歲食物的比例為 3（蔬菜）:3（澱粉）:3（蛋白質）:2（水果）加 1 根香蕉，用這個比例做食物泥會造成寶寶體重成長緩慢，且每餐必大便，當寶寶每餐只有 1／4 的澱粉和 1／4 的蛋白質時，除了健康外，不會變胖或壯，在華人社會中，將孩子養得很瘦會受到長輩極大的責難。

### 陷阱 2　忽略寶寶哭聲的訊息

很多百歲媽媽都有個經驗，讓寶寶哭停後才進到房間，卻發現小孩睡在嘔吐物中，或是大便在尿布裡，讓媽媽不知所措；也有很多媽媽馬上回應 6 個月後寶寶的哭聲，造成寶寶凡事都以哭來表達訴求，讓媽媽疲於奔命。該怎麼在兩者之間拿捏，變成一門很大的功課。

### 陷阱 3　太緊張寶寶的睡眠

很多媽媽常常問我小孩又提早醒沒睡到第 1 餐的時間，或是夜裡起來玩不睡覺，該怎麼辦？這些百歲媽媽常常被一個美好的幻境所迷惑，覺得只要好好遵守「規則」，寶寶就會一帆風順、半夜不起床、每天睡到第 1 餐。如果小孩沒有照自己的意願走就會很緊張，像無頭蒼蠅一直到處問別人。

### 陷阱 4　疏忽寶寶

很多百歲媽媽因為寶寶變得太好帶，寶寶會自行入睡不需哄也不必黏在自己身上，就不自覺沉迷在網路社群中，白天丟著寶寶獨玩，自己則不停的上網跟別人聊天，我身邊大有這樣的人存在。

### 陷阱 5　睡姿的困難

很多媽媽在一開始執行百歲育兒就以失敗收場，原因在「睡姿」。寶寶在媽媽肚中時是趴著的姿勢，所以出生後趴睡最能讓寶寶安穩，然而趴睡發生的嬰兒猝死症又令新手媽媽害怕，但仰睡又會因為驚嚇反射動不動就嚇醒大哭，這時候如果不改變作息或改善方法，就會失敗收場。

要怎麼避免這些百歲的陷阱，可參考本書相關篇章。

## 親密育兒——優點與陷阱

如果說百歲是媽媽主導，再依寶寶的適應去修正作息，親密就是以寶寶主導，媽媽依家庭狀況調整作息。親密需要媽媽更大的耐心去引導寶寶成長、陪伴著寶寶，無論對第幾個孩子都必須付出同樣的耐心，也必須確保自己不會被寶寶錯誤的行為牽著鼻子走，如果確定能做到這些，親密育兒就非常的適合你。我常說：「不是讓寶寶哭就表示不愛他，也不是不讓寶寶哭就是溺愛他。」重點在於你怎麼替孩子培養好的生活習慣。

### ⭕ 親密育兒的優點

此派源自於《The Baby Book》（《親密育兒百科》），作者是西爾斯醫師夫婦（William Sears），在台灣得到母乳協會、醫院護理師等推崇，是較多人接受的育兒法。

親密育兒主要精神在以親密、符合寶寶本性的方式照顧孩子，將夜間哺乳視為正常，用和緩手法幫助寶寶區分日夜後，等寶寶生理成熟自己睡過夜。

在有家人可以幫助你一起照顧寶寶的狀況下，你能按照寶寶餓的需求無限制餵奶、適時回應寶寶的需求、有彈性的制定作息、全心全意的照顧寶寶，用另一個層面來說，這種照顧孩子的方式更符合人性，也更符合社會對媽媽的期待。

### ❌ 親密育兒的陷阱

跟百歲一樣，很多媽媽在沒時間研究的狀況下，或問了他人也沒得到正確答案下，閉門造車，用自以為是親密育兒的方式照顧小孩，最後誤解、痛苦的養育小孩，將育兒生活視為地獄。

### 陷阱 1　誤將親密育兒當成傳統育兒

親密育兒並不是不讓寶寶睡過夜、也不是沒有規律作息。台灣傳統社會將夜奶視為理所當然、一哭就餵、一哭就抱、不可以讓小孩哭、對小孩哄睡奶睡，這樣的帶孩子方法並非親密育兒。你一定有個經驗：當同住親人聽到寶寶哭時，就會說「趕快餵奶，他餓了」，或是「你沒有母奶了（或母奶沒營養），趕快泡奶粉給他喝」，但是身為媽媽都很清楚，寶寶哭不等於肚子餓，我稱這種亂七八糟的育兒為：傳統育兒，傳統育兒不能跟親密育兒劃上等號。

### 陷阱 2　親密育兒不適合陷入產後憂鬱症或性急的媽媽

照顧新生兒是件疲累的工作，因為新生兒胃容量很小，餵完奶後很短的時間又會再度討奶，致使媽媽必須不斷的餵奶，最後讓新手媽媽分不清楚新生兒的哭是要奶還是因為其他原因（身體不舒服、尿布濕）。有些媽媽可以餵完奶、跟孩子玩一下就陪孩子睡，睡眠與嬰兒同步，但是也有很多媽媽的睡眠品質極差，白天無法入眠、晚上睡覺斷斷續續（連續睡眠才能讓人恢復體力），在無家人援助的情況下，用親密育兒法會讓人更陷入產後憂鬱的深淵，所以當你已經因為疲累到沒有母乳、睡眠品質很差加上陷入產後憂鬱時，就不要再使用親密育兒。

### 陷阱 3　容易被小孩牽著鼻子走

親密育兒跟百歲育兒一樣，都是需要「盡力保持個人與家庭的平衡」、「適時回應寶寶的需求」，對於哭，有的時候也會採取冷處理（這也是對於寶寶需求的一種回應），如果你能用了解自己對孩子的期許，認真面對寶寶的反應和引導寶寶培養好習慣，同樣也能帶好孩子。我常常遇到誤以為自己是用親密育兒，其實是被小孩牽著鼻子走的媽媽，例如：寶寶日夜顛倒了，媽媽應該要讓寶寶白天睡在光亮和有聲音的環境，晚上則睡在安靜的環境，幫助他區分日夜，但她們卻採取白天寶寶要睡就陪他睡，晚上要玩就陪他玩，陪他習慣日夜顛倒的生活。這樣過度順應孩子，長期下來對媽媽的身體也會造成傷害。

> **鈞媽育兒 TIPS**
>
> 平心而論,用親密的確比用百歲容易被孩子牽著鼻子走。以睡眠連結為例,親密教媽媽讓寶寶吸奶吸到睏了就把乳房或奶嘴移開,重複再重複後讓寶寶習慣不靠吸吮入睡(跟學習自行入睡是一樣的意思),只是真正實行上困難很大,多數的新手媽媽最後都會在寶寶哭時又塞進去乳房或奶嘴,重複拔起來幾次後,在媽媽已經很疲憊和希望讓寶寶趕快睡著的狀況下,最後還是妥協,讓寶寶養成奶睡或吸奶嘴入睡的習慣。

## 陷阱 4　容易變得過度在乎寶寶的哭聲

沒有一個孩子不會哭,尤其是新生兒時期,必須清楚寶寶的哭是肚子餓、尿布濕、身體不舒服,或只是無聊而哭(適時回應寶寶的需求)。但是親密的媽媽比起已經習慣哭聲的百歲媽媽,更容易對嬰兒的哭聲立即反應,也很容易變成寶寶一哭就不管三七二十一,抱起來餵奶再說。比如親餵母奶的寶寶會因為月齡增加、吸吮的時間漸漸變短、喝奶的時間漸漸拉長,但是很多媽媽因為習慣寶寶一哭就餵奶,到了 4～5 個月,依然兩小時餵一次奶,寶寶也已經被養成用吃零食的態度喝奶,不願意一次喝飽。這不是親密育兒的精神,只不過是媽媽個人對哭聲過度在乎,無法對哭聲適時判斷原因。

## 陷阱 5　實行到半途就反悔採用親密育兒

前面說過,用親密須要有更大的耐心和恆心,比如寶寶在 4 個月前習慣吸吮乳房入睡,4～6 個月後媽媽失去耐心,也不想用和緩方法改變(或有但失敗了),最後決定讓寶寶哭到放棄吸吮。孩子最大的安全感來自於母親的態度要一致,突然改變態度對嬰兒來說就是一種信任感的喪失。選擇育兒法時,請一定要評估你的個性適不適合使用。

**陷阱 6　親密不是不照顧母親的需求**

很多人誤會親密育兒就是不顧及母親的需求，這是錯的，無論是百歲或親密，同樣都著重家人與家庭的平衡，你選擇怎麼帶孩子，都必須符合你的個性。有的媽媽很有耐心，希望將寶寶哭的機會降到最低，那麼她就很適合親密。有的媽媽希望睡覺時間各自都睡得很好（睡眠不互相干擾），白天活動時間母子再一起玩耍，那麼她就很適合百歲。

## ● 找出更適合你的育兒法

曾經有個爸爸跟我抱怨，說他太太在家全職照顧小孩，還陪小孩一起午睡，怎麼連家事都不做，整個家亂糟糟。也曾經有媽媽跟我討論作息，我幫她排 6 點給寶寶喝奶，結果這位媽媽跟我強調 6 點一定要煮飯給先生吃，我很訝異問她：你的寶寶不是才滿 1 個半月，不能先請先生帶便當回來嗎？這位媽媽表示先生一定要吃家裡，不願意吃外面。

以上兩個案例可以了解，很多人都以為家庭主婦很閒，其實不然，家庭主婦的工作很繁雜，忙碌不堪，也很枯燥乏味，整天面對小孩，心理壓力很沉重，加上小孩好奇心會越來越強，要小心盯著，像鈞就曾經在我上廁所的瞬間就把洗髮精倒到滿地都是，也曾經在我一不留意，就把一隻蟑螂抓起來含在嘴裡。

如何當一個照顧好孩子的媽媽？該如何在疲於奔命的照顧小孩和讓小孩無止盡的哭兩者取得平衡？你需要同時照顧家人、寶寶與自己的需求，比起硬是在百歲或親密兩派二選一來解決以上問題，不如從中找出適合你、屬於你的育兒法。

至於怎麼從百歲和親密或更多的育兒方法中，找出更棒更好更適合你的育兒法，本書都有完整和詳細的說明。

# 養出營養均衡的健康孩子

## 副食品和奶的比例怎麼拿捏？

知子莫若母，身為母親必須適當的觀察孩子，不要去跟別人比吃多還是吃少；有些孩子就算一餐只吃兩百多毫升的食物泥也一樣可以晚上穩睡 10～12 小時，像鈞必須吃到 5 百毫升才有辦法維持身體所需（因為他活動力大）。觀察的重點在孩子是否每餐都是吃到不想吃為止。

這裡要探討副食品和奶的比例，建議母親要隨著月齡提高副食品的比例，並減少奶的比例（親餵除外），適時拉長餵食的時間。

### 【案例 1】5 個月大

|  |  |
| --- | --- |
| 8：00 | 起床 |
| 8：00 | 90 毫升米糊 湯匙餵 ＋ 180 毫升奶 |
| 12：00 | 90 毫升米糊＋ 120 毫升奶 |
| 16：00 | 180 毫升奶 |
| 19：30 | 90 毫升米糊＋ 180 毫升奶 |
| 21：00 以前 | 睡覺 |

第七章｜不論「百歲」或「親密」，都不能盲從　277

有些孩子喝奶就可以作息穩定到 6 個月，有些孩子卻很早就不敷所需，必須以副食品補充熱量，每個孩子都是獨一無二，而不是統計值。上面這個案例依舊是以奶為主，副食品為輔的餵法，假設撇除掉太冷太熱太吵或環境變異、生病等原因，卻依舊隨著日子越來越早起或半夜夜奶肚子餓。就需要改成增加米糊量並漸少奶量或兩邊一樣多，也可以改成最後一餐純餵米糊、只餵一點奶。

## 【案例 2】10 個月大

|  |  |
| --- | --- |
| 10：00 | 起床 |
| 10：00 | 180 毫升奶 |
| 15：30 | 副食品 250 毫升奶 + 180 毫升奶 |
| 21：00 | 副食品 300 毫升奶 + 120 毫升奶 |
| 22：00 | 準時上床睡覺 |

這是很多會偷懶的媽媽的範例。早上起床累得要命，卻還要比小孩早起準備早餐，往往就有很多媽媽選擇直接餵奶就好，但正值成長衝刺期的孩子一天只吃兩餐半固體食物，自然成長就會比 1 天 3 餐副食品的孩子要遜色很多，這跟很多大人不願意好好吃早餐，只喝飲料是一樣的道理。

## 【案例3】7個月大

|  |  |
|---|---|
| 8：00 | 起床 |
| 8：00 | 180毫升奶 |
| 12：00 | 米糊1碗 |
| 16：00 | 180毫升奶 |
| 20：00 | 米糊1碗 |
| 24：00 | 睡前奶＋睡覺 |

這個案例算比2小時餵一次奶、2小時餵一次副食品更糟，一來是媽媽無法了解孩子到底吃多少（要習慣量一下寶寶吃了多少），二來副食品和奶的飢餓速度不同，一碗米糊很多孩子可以撐到5、6個小時才會餓，造成後面幾餐都在不太餓的情況下又要進食，容易讓孩子吃少又厭食。睡前只喝奶，吃副食品時間又離睡前太遠，所以孩子能睡過夜（8小時）就已經很不容易，更不用談可以連睡10小時以上。建議副食品和睡前的距離可以保持在1～2小時之間。

## 奶嘴、乳房、手指，要吸哪個？

孩子進入口腔期後，該讓寶寶吸手、吸乳房，還是吸奶嘴？每個媽媽都有選擇的原因，以下僅是就我個人的觀察。

### ✿ 吸奶嘴

傳統的育兒都是讓孩子吸奶嘴，新手媽媽多會覺得很難塞奶嘴讓孩子吸，其實前3個月都是要硬塞到小孩習慣為止。吸奶嘴的優點在衛生、

容易消毒，缺點則是容易讓孩子過度依賴而喪失學習自行入睡的契機：若常吸著奶嘴入睡，奶嘴掉後淺眠清醒就會大哭討奶嘴，母親就會不斷的撿奶嘴，孩子的睡眠也會一直中斷和過累。

不建議新手媽媽讓孩子吸奶嘴的原因就在於此，常常要折騰很久嬰兒卻還是無法入睡，母親必須撐過3個月後，嬰兒的睡眠形態轉由先深眠再淺眠，才有可能吸奶嘴吸到熟睡吐掉後繼續睡，多數的寶寶在這時已經過度依賴奶嘴。如果希望孩子學會自行入睡，那麼在寶寶入睡時吸奶嘴吸到想睡就拿起來，淺眠清醒時也一樣，如果寶寶因為你拿掉奶嘴而哭，就塞回去讓他再吸一下，重複這個動作，但絕不讓寶寶吸著睡著。

7、8個月後，把奶嘴丟在床邊讓孩子半夜淺眠時自己拿自己吸，讓奶嘴變成睡前儀式的最後一個步驟（只有晚上要入睡時才吸），此時才會比較輕鬆。如果正確使用奶嘴，在孩子3個月後入睡時給奶嘴，半夜讓孩子淺眠時安撫自己入睡（不給太多次奶嘴或吸著睡著），孩子能順利的在4、5個月，最晚6個月就半夜不需要奶嘴且能再度安撫自己入睡，但畢竟能做到的還是少數。

### ❀ 吸乳房

俗稱「人肉奶嘴」，也是親餵媽媽最容易選擇的方式。優點是很容易安撫小孩，但有以下缺點（先聲明我是單純把乳房當餵食工具的媽媽，所以會指出以下缺點）：

**缺點 1　不是每個媽媽都能把自己和孩子睡眠調整成同步**

許多母親自己的睡眠就已經很淺眠，還被孩子吸奶＋奶嘴吸，會使母親疲憊不堪。

**缺點 2　與孩子同睡一張床的前提下，不易戒夜奶**

親餵母乳媽媽常常把小孩放在身邊睡，我曾經聽過一位親餵媽媽的比喻：有哪個人看到床邊擺著一碗泡好的泡麵不去吃？比喻很詼諧，卻

也非常正確,約有 99％ 的孩子在進入吃副食品後一定會睡過夜。如果白天能夠正常吃副食品,夜晚起床哭的原因往往就不是肚子餓,只是淺眠清醒需要吸乳房再度入睡,就算母親想幫孩子戒掉夜奶,孩子也會「自動」掀開衣服找乳頭,所以想換人陪孩子睡很難,寶寶只想要媽媽,故想戒夜奶需要母親的堅持和作息調整。

### 缺點 3　不易讓孩子學習到自行入睡

理由同上,奶嘴都在旁邊,很難輕易的改變入睡習慣,往往必須要母親堅持才有辦法在拉鋸戰中結束這樣的狀況。

若媽媽睡眠品質很好,覺得讓寶寶吸乳房到口慾期結束是親密的行為,這樣的想法非常值得鼓勵和尊重,不過也有很多親餵母乳的媽媽還是選擇讓寶寶吸手指。

## ❁ 吸手指

選擇讓孩子吸手指的媽媽算少數,一來是仰睡孩子在新生兒時期因肢體發展很難吸到自己的手指,二來吸手指要比吸奶嘴更需注重衛生。

**優點**　孩子可以輕易的安撫自己入睡,新生兒也因為肢體發育有限,不一定每次都要吸到手指才入睡,自然練習自行入睡的機會就會比吸奶嘴和乳房還要高,在養育孩子的過程中也可以讓家庭平和,母親也不需要過度干預孩子的睡眠。新手媽媽應該讓寶寶自己摸索、練習肢體動作,會發現寶寶肢體發展能力往往出乎意料的快,比如我看過 6、7 個月一整天被老人家抱在懷裡的孩子完全不會翻身,鈞卻 3 個月就翻身自如,1 歲 5 個月就會自行上下樓梯。

**缺點**　仰睡孩子在新生兒時期容易有吸不到的問題,也容易把細菌吃進嘴裡。不過只要注重衛生,就不會有這樣的問題。

## 吸奶嘴、吸乳房、吸手指，如何戒？

吸奶嘴、吸乳房、吸手指入睡和口腔期息息相關。前面說過，自行入睡能力成熟是在6個月，6個月前寶寶會在吸吮入睡、疲憊入睡兩者間不斷交錯學習。鈞在6個月前作息控制得宜，約6個月就不再吸手指入睡，白天則大約1歲3個月後便不再吸。

多數寶寶是先白天不吸後（1歲半～2歲）才會戒掉晚上入睡的吸吮，通常只要滿足了口腔期的需求（1歲半～2歲）後，想戒掉晚上的就會很快。

### 6～7個月關鍵期

想戒掉吸奶嘴、吸乳房、吸手指習慣，關鍵在於寶寶會爬以後（約6～7個月）：

❶ 有無放手讓孩子到處去探索練習。

❷ 有無和孩子建立起安全感。

❸ 不拿吸奶嘴、吸乳房、吸手指當成安撫孩子情緒的工具。

只要做到以上三點，孩子滿足安全感後，時間到（約1歲～1歲半以後）不管是媽媽輔助或自己戒掉，都輕而易舉。

# 附錄 鈞媽家 1 歲前作息表

這是鈞 1 歲前的所有作息表，現在仔細回想，對於鈞的睡眠時間排得有點太嚴苛，所以還請參考就好。

### ⏰ 0～4 個月的餵奶時間

| | |
|---|---|
| 剛出生 | 14：00、18：00、22：00、2：00、6：00、10：00 |
| 6 周戒夜奶 | 14：00、18：00、22：00、1：30、~~6：00~~、10：00 |
| 3 個月延長睡眠 | 10：00、14：00、18：00、21：30、~~2：00~~、~~6：00~~ |
| 3 個月大時將所有作息提前 | 10：00、14：00、18：00、22：00 |

### ⏰ 第 4～5 個月作息時間

| | |
|---|---|
| 10：00 | 第 1 餐 |
| 12：00～14：00 | 第 1 段小睡 |
| 14：00 | 第 2 餐 |
| 16：00～18：00 | 第 2 段小睡 |
| 18：00 | 第 3 餐 |
| 20：00～20：30 | 第 3 段小睡 |
| 20：30 | 洗澡 |
| 21：30 | 睡前奶 |
| 22：00 | 上床睡覺 |

## ⏰ 第 6 個月作息時間

| 10：00 | 起床 | 起床 150 毫升米精 + 150 毫升奶 |
|---|---|---|
| 12：00～13：30 | 第 1 段小睡 ||
| 14：00 | 第 2 餐 | 140 毫升米精 + 150 毫升奶 |
| 16：00～18：00 | 第 2 段小睡 ||
| 18：30 | 第 3 餐 | 240 毫升奶 |
| | 不睡或打瞌睡＋洗澡 ||
| 21：00 | 睡前最後 1 餐 | 250 毫升米精 + 90 毫升奶 |
| 22：00 | 準時上床睡覺 ||

## ⏰ 第 7 個月又 20 天作息時間──改三餐

| 10：00 | 第 1 餐 | 250 毫升食物泥 + 180 毫升奶 |
|---|---|---|
| 12：30～13：30 | 第 1 段小睡 ||
| 14：30 | 洗澡（冬天所以改成下午洗澡） ||
| 15：30 | 第 2 餐 | 250 毫升食物泥 + 180 毫升奶 |
| 16：00～18：00 | 第 2 段小睡 | 240 毫升奶 |
| | 不睡 ||
| 21：00 | 睡前最後 1 餐 | 300 毫升食物泥 + 120 毫升奶 |
| 22：00 | 準時上床睡覺 ||

## 第 8 個月──早上睡 3 小時，晚上睡 12 小時作息時間

| 10：00 | 第 1 餐 | 300 毫升食物泥 + 120 毫升奶 |
|---|---|---|
| 12：30～13：30 | 第 1 段小睡 ||
| 14：30 | 洗澡（冬天所以改成下午洗澡） ||
| 15：30 | 第 2 餐 | 300 毫升食物泥 + 120 毫升奶 |
| 16：00～18：00 | 第 2 段小睡 | 240 毫升奶 |
| | 不睡 ||
| 21：00 | 睡前最後 1 餐 | 350 毫升食物泥 + 90 毫升奶 |
| 22：00 | 準時上床睡覺 ||

## 第 9 個月作息時間

| 10：00 | 第 1 餐 | 400 毫升食物泥 + 150 毫升奶 |
|---|---|---|
| 12：30～13：30 | 第 1 段小睡 ||
| 14：30 | 洗澡（冬天所以改成下午洗澡） ||
| 15：30 | 第 2 餐 | 500 毫升食物泥 + 120 毫升奶 |
| 16：00～18：00 | 第 2 段小睡 | 240 毫升奶 |
| | 不睡 ||
| 21：00 | 睡前最後 1 餐 | 500 毫升食物泥 + 150 毫升奶 |
| 22：00 | 準時上床睡覺 ||

附錄　鈞媽家 1 歲前作息表

## 🕐 第 10～12 個月作息時間

|  |  |  |
|---|---|---|
| 10：00 | 第 1 餐 | 400 毫升食物泥 + 150 毫升奶 |
| 12：30～13：30 | 第 1 段小睡 | |
| 14：30 | 洗澡 | |
| 15：30 | 第 2 餐 | 500 毫升食物泥 + 120 毫升奶 |
| 16：00～18：00 | 第 2 段小睡 | 240 毫升奶 |
| | 不睡 | |
| 21：00 | 睡前最後 1 餐 | 500 毫升食物泥 + 150 毫升奶 |
| 22：00 | 準時上床睡覺 | |

國家圖書館出版品預行編目 (CIP) 資料

鈞媽快樂育兒經 / 鈞媽著. -- 初版. --
臺北市：新手父母出版，城邦文化事業
股份有限公司出版：英屬蓋曼群島商家
庭傳媒股份有限公司城邦分公司發行，
2025.03
　　面；　公分. -- ( 育兒通；SR0114)
ISBN 978-626-7534-13-7( 平裝 )

1.CST: 育兒
2.CST: 親職教育

428　　　　　　　　　　114001624

# 鈞媽快樂育兒經

## 超高效正向育兒法
## 照顧孩子輕鬆上手不焦慮

| 作　　　者 | 鈞媽 |
|---|---|
| 選　　　書 | 林小鈴 |
| 主　　　編 | 陳雯琪 |

| 行 銷 經 理 | 王維君 |
|---|---|
| 業 務 經 理 | 羅越華 |
| 總　編　輯 | 林小鈴 |
| 發　行　人 | 何飛鵬 |
| 出　　　版 | 新手父母出版 |
| | 城邦文化事業股份有限公司 |
| | 台北市南港區昆陽街16號4樓 |
| | 電話：(02) 2500-7008　傳真：(02) 2502-7676 |
| | E-mail：bwp.service@cite.com.tw |
| 發　　　行 | 英屬蓋曼群島商家庭傳媒股份有限公司城邦分公司 |
| | 台北市南港區昆陽街16號8樓 |
| | 讀者服務專線：02-2500-7718；02-2500-7719 |
| | 24小時傳真服務：02-2500-1900；02-2500-1991 |
| | 讀者服務信箱 E-mail：service@readingclub.com.tw |
| | 劃撥帳號：19863813 |
| | 戶名：書虫股份有限公司 |
| 香港發行所 | 城邦（香港）出版集團有限公司 |
| | 香港九龍土瓜灣土瓜灣道86號順聯工業大廈6樓A室 |
| | 電話：(852) 2508-6231　傳真：(852) 2578-9337 |
| | E-mail：hkcite@biznetvigator.com |
| 馬新發行所 | 城邦（馬新）出版集團 Cite(M) Sdn. Bhd. |
| | 41, Jalan Radin Anum, Bandar Baru Sri Petaling, |
| | 57000 Kuala Lumpur, Malaysia. |
| | 電話：(603) 90563833　傳真：(603) 90576622 |
| | 電郵：services@cite.my |

封面設計 / 鍾如娟
版面設計、內頁排版 / 鍾如娟
製版印刷 / 卡樂彩色製版印刷有限公司

2025年03月13日初版1刷
Printed in Taiwan　定價460元

ISBN：978-626-7534-13-7（紙本）
ISBN：978-626-7534-14-4（EPUB）

有著作權・翻印必究（缺頁或破損請寄回更換）